水木书荟

小强软件测试疯狂讲义

——性能及自动化

赵 强◎编著

U0350030

清华大学出版社

北 京

内 容 简 介

本书并不是一本纯技术书籍，更像是一本系统性的参考书，能帮助读者深入理解性能测试和自动化测试的意义，也能帮助有多年工作经验正处于迷茫阶段的朋友排忧解难，还能给那些刚刚步入管理岗位的"菜鸟们"提供指导，尤其是其中的团队建设、绩效管理等是很多读者困惑的问题，可以说是测试工程师必读的一本书籍。

本书分为两大部分：

1～8章：以全新的角度来解释什么是性能测试和自动化测试，不仅以实际案例讲解了 LoadRunner、Jmeter、SoapUI、Appium、移动端 APP 测试、前端性能等内容，也讲解了大家最为头疼的两大难题，性能测试通用分析思路和报告编写，同时也介绍了如何设计和开发轻量级自动化测试框架。

9～11章：目前市面上缺少测试管理方面的内容，而本部分内容以作者本人的亲身经历来分享对测试行业的看法以及如何进行测试团队的建设、管理、绩效考核等，没有高大上的概念，以通俗易懂的语言体现，是管理者的必读内容。

图书在版编目（CIP）数据

小强软件测试疯狂讲义：性能及自动化/赵强编著. —北京：清华大学出版社，2017（2021.1重印）
（水木书荟）
ISBN 978-7-302-46460-0

Ⅰ. ①小… Ⅱ. ①赵… Ⅲ. ①软件－测试 Ⅳ. ①TP311.5

中国版本图书馆 CIP 数据核字（2017）第 024636 号

责任编辑：黄 芝
封面设计：迷底书装
责任校对：时翠兰
责任印制：吴佳雯

出版发行：清华大学出版社
    网 址：http://www.tup.com.cn，http://www.wqbook.com
    地 址：北京清华大学学研大厦 A 座   **邮 编**：100084
    社 总 机：010-62770175   **邮 购**：010-83470235
    投稿与读者服务：010-62776969，c-service@tup.tsinghua.edu.cn
    质量反馈：010-62772015，zhiliang@tup.tsinghua.edu.cn
    课件下载：http://www.tup.com.cn，010-83470236
印 装 者：北京九州迅驰传媒文化有限公司
经 销：全国新华书店
开 本：170mm×230mm   **印 张**：14.75   **字 数**：251 千字
版 次：2017 年 4 月第 1 版   **印 次**：2021 年 1 月第 4 次印刷
印 数：4701～4900
定 价：39.80 元

产品编号：071710-01

前　言

FOREWORD

"因为不是天生丽质,所以必须天生励志。"这句话是我特别喜欢的一句话,我们大部分人天生并没有什么出众的天赋,只能靠后天不断的努力才行,这是一个痛苦甚至让人绝望的过程,但是如果你换个心态来体会也许另有一番滋味。

写书也一样,不是为了说明自己有多牛,而是知识经验的总结、梳理与分享,把想法用书写的形式表现出来而已,对于自己是一个很好的梳理过程,对于亲爱的读者来说也是很好的学习过程。

本书并不是一本纯技术书籍,它更像是一本系统性的参考书,能帮助大部分读者朋友深入理解性能测试和自动化测试的意义,也能帮助有多年工作经验正处于迷茫阶段的朋友排忧解难,还能给那些刚刚步入管理岗位的菜鸟们提供指导(**尤其是其中的团队建设、绩效管理等是很多朋友经常问我的问题,以后我就不用再一遍遍重复啦**),可以说是测试工程师必读的一本书籍。当然,如果你是"高手、大牛、大神"等级别的请自动忽略本书吧。

为什么要写这本书

2016 年以来我一直以"小强软件测试"独立品牌进行运营,和其他机构无任何关系,可以更加纯粹、专心地做一些学习和研究。写本书纯属是突发奇想,写书的过程极其累,费神费脑,可能大家看到的短短一章也许是花了 3天时间写出来的,字数和时间往往不是正比的关系,如果你亲自写一次你就能明白我所说的"痛苦":太! 累! 了!

但为什么还要写呢? 主要是因为自己接触了太多的朋友,不论是在活动中、交流中还是在我的培训班中,绝大部分新手朋友对性能测试和自动化测试没有什么了解,有了解的也基本都是不完善甚至错误的,这就造成了学习时的困难,效率极其低下,再加上有不少朋友咨询我这些方面的问题并强烈要求我再写一本书出来,索性满足大家的愿望,整理了这方面的经验写成书籍和大家一起交流分享。

这里请允许我无耻地炫耀一下,我的不少学员已经步入了管理岗位。但是他们在初次接触管理、带领团队方面经验上比较欠缺,而软件测试方面的管理书籍极其匮乏,大家问我的问题也有很多共性,所以也在本书的后几章节中把自己带团队、管理团队方面的经验写出来和大家分享,希望能给大家带来一点帮助和启发。

很多朋友之所以会步入性能测试、自动化测试领域,也是因为职业发展到了一个瓶颈期,同时感觉迷茫无助,本书最后以真实的人物经历以及职业发展指导两个方面来帮助读者解答疑问,相信你一定会有不少收获。

最后总结一下,本书不会涉及基础的知识,所以在阅读技术类章节之前要求读者最好有一定的基础,无基础的朋友参考附录中的资料来学习。不论之前大家是否了解性能测试和自动化测试,请耐心读完本书,你一定会有非常大的收获。

本书面向的读者对象

在阅读技术类章节时最好有一定的基础,这样理解起来会比较容易。非技术类章节任何人都可以阅读。不过即使你没有性能测试和自动化测试的经验,抑或你刚接触它们,本书都会对你有所帮助,至少在认知以及学习方法上会给你带来很大的帮助。

读者对象包括但不限于对性能测试、自动化测试感兴趣的测试工程师、开发工程师、运维工程师、测试经理以及希望了解性能测试、自动化测试的各行业工作者,本书特别适合具有以下需求的读者:

- ❑ 希望了解并学习性能测试和自动化测试者
- ❑ 已有一定基础,想继续深入学习性能测试和自动化测试者
- ❑ 希望真正了解企业级性能测试和自动化测试的应用者
- ❑ 想寻找指导性能测试和自动化测试过程方法的测试经理
- ❑ 想从别人的经验中得到学习与启发者
- ❑ 正在带领团队的管理者
- ❑ 想获取一些正能量者

最后，我必须再次声明一点：如果你是"高手、大牛、大神"级别的人物，请自行绕开，本书不适合你！人的成长本身就要经历不同的阶段，每个阶段大家需要的都是不一样的，也许你现在认为九九乘法表是非常幼稚低级的，但对于一个孩子来说九九乘法表就非常难，他需要学习，需要有资料帮助他，一本书的好坏不能简单地以内容的高级还是低级来区分，而应该是以它给多少人带来了价值！

如何阅读本书

本书将从性能测试和自动化测试的方方面面以及测试团队建设、职业发展等热门话题和大家进行分享，大致内容如下：

第 1 章　以全新的角度来解释什么是性能测试和自动化测试；

第 2 章　以实际案例来讲解性能测试工具 LoadRunner 在业务级和接口级如何完成性能测试；

第 3 章　以实际案例来讲解 Jmeter 在业务级和接口级如何完成性能测试、自动化测试；

第 4 章　通俗地讲解大家最为头疼的两大难题，性能测试通用分析思路和报告编写；

第 5 章　以实际案例来讲解接口测试工具 SoapUI 在接口级如何完成性能测试、自动化测试；

第 6 章　以实际案例来讲解移动端自动化测试框架 Appium 的快速入门；

第 7 章　对移动 APP 的非功能测试进行了系统化讲解；

第 8 章　因为前端性能测试方面的资料较少，所以本章详细讲解了这方面的知识；

第 9 章　以本人的亲身经历来分享如何进行测试团队的建设和绩效考核；

第 10 章　分析测试行业的现状，并针对现状来分析测试人员的职业发展；

第 11 章　以真实的在职人物描述学习历程、心得以及方法，再次以事实指导读者，回归读者的内心深处。

勘误和支持

由于本人的水平、能力有限,编写时间仓促,书中难免会出现一些错误或者不准确的地方,恳请读者批评指正。你可以将书中的错误发布在 http://xqtesting.blog.51cto.com,同时如果你遇到任何问题,也可以加入我们的 QQ 群:229390571(扫描下方二维码),或加我的个人 QQ:2423597857,我们将尽量在线上为读者提供最满意的解答。如果你有更多宝贵的意见和建议,可以发送到邮箱:xiaoqiangtest@vip.qq.com,期待能够得到你们的真挚反馈。

致谢

感谢黄芝美女,在这段时间中始终支持我的写作,你们的鼓励和帮助引导使得我能顺利完成全部书稿。

特别感谢广大小强粉们、挨踢脱口秀听众以及小强性能测试、自动化测试培训班的学员,你们的支持与热情是我写本书的最大动力。

最后还要感谢我的老婆,我大部分时间都用在了和学员交流、备课、上课、写作、宣讲上,留给你的时间非常的少,几乎没有周末来陪你,但你仍然没有怨言,所以本书也是为你而写。

赵强(小强)

2017 年 1 月

CONTENTS

第 1 章　全新认识性能测试和自动化测试 ……………………………… 1

1.1　性能测试到底是什么 ……………………………………………… 1

1.2　性能测试分层模型 ………………………………………………… 2

　　1.2.1　前端层 ……………………………………………………… 3

　　1.2.2　网络层 ……………………………………………………… 4

　　1.2.3　后端层 ……………………………………………………… 4

1.3　自动化测试到底是什么 …………………………………………… 6

1.4　自动化测试是否万能 ……………………………………………… 6

1.5　自动化测试分层模型 ……………………………………………… 7

　　1.5.1　UI 层 ………………………………………………………… 8

　　1.5.2　接口层 ……………………………………………………… 9

　　1.5.3　单元层 ……………………………………………………… 9

1.6　初学者如何选择学习哪种测试技术 ……………………………… 10

1.7　本章小结 …………………………………………………………… 11

第 2 章　LoadRunner 脚本开发实战精要 ……………………………… 12

2.1　LoadRunner 介绍 …………………………………………………… 12

2.2　使用 LoadRunner 完成业务级脚本开发 ………………………… 13

　　2.2.1　项目介绍 …………………………………………………… 13

　　2.2.2　需求分析 …………………………………………………… 13

　　2.2.3　脚本开发 …………………………………………………… 16

2.3　使用 LoadRunner 完成 H5 网站的脚本开发 …………………… 21

2.4　Mock 实战精要 …………………………………………………… 23

2.5　使用 LoadRunner 完成接口级脚本开发 ················· 25

　　2.5.1　单接口的测试方法 ····························· 26

　　2.5.2　接口依赖的测试方法 ························· 28

2.6　使用 LoadRunner 完成移动 APP 的脚本开发 ········· 30

2.7　使用 LoadRunner 完成 MMS 视频流媒体测试 ········· 33

2.8　场景设计精要 ·· 35

2.9　去"并发数" ·· 36

2.10　使用 LoadRunner 完成接口级功能自动化测试 ········· 37

2.11　本章小结 ··· 41

第 3 章　Jmeter 脚本开发实战精要 ····················· 42

3.1　Jmeter 介绍 ·· 42

3.2　使用 Jmeter 完成业务级脚本开发 ··················· 43

3.3　使用 Jmeter 完成接口级脚本开发 ··················· 47

　　3.3.1　单接口的测试方法 ····························· 47

　　3.3.2　接口依赖的测试方法 ························· 48

3.4　使用 Jmeter 完成 JDBC 脚本开发 ··················· 50

　　3.4.1　单 SQL 语句测试 ····························· 51

　　3.4.2　多 SQL 语句测试 ····························· 54

3.5　使用 Jmeter 完成 JMS Point-to-Point 脚本开发 ····· 55

　　3.5.1　JMS 介绍 ································· 55

　　3.5.2　ActiveMQ 介绍 ····························· 56

　　3.5.3　JMS Point-to-Point 脚本开发 ················· 57

3.6　BeanShell 脚本在 Jmeter 中的应用 ················· 60

3.7　使用 Jmeter 完成 Java 自定义请求 ················· 63

3.8　Jmeter 轻量级接口自动化测试框架 ················· 65

3.9　在 Jmeter 中使用 Selenium WebDriver 完成测试 ····· 70

3.10　本章小结 ··· 72

第 4 章　性能测试通用分析思路和报告编写技巧 ············· 73

4.1　通用分析思路 ·· 73

　　4.1.1　观察现象 ································· 74

　　4.1.2　层层递进 ································· 75

4.1.3　缩小范围 ……………………………………… 76

　　　　4.1.4　推理分析 ……………………………………… 77

　　　　4.1.5　不断验证 ……………………………………… 78

　　　　4.1.6　确定结论 ……………………………………… 78

　　4.2　测试报告编写技巧 ……………………………………… 80

　　4.3　本章小结 ……………………………………………… 81

第 5 章　SoapUI 脚本开发实战精要 ……………………………… 82

　　5.1　SoapUI 介绍 …………………………………………… 82

　　5.2　SOAP WebService 接口功能自动化测试 ……………… 83

　　　　5.2.1　单接口的测试方法 ………………………… 84

　　　　5.2.2　接口依赖的测试方法 ……………………… 90

　　5.3　SOAP WebService 接口负载测试 …………………… 93

　　5.4　SOAP WebService 接口安全测试 …………………… 95

　　5.5　SoapUI 轻量级接口自动化测试框架 ………………… 97

　　5.6　本章小结 ……………………………………………… 101

第 6 章　Appium 脚本开发实战精要 …………………………… 102

　　6.1　Appium 介绍 …………………………………………… 103

　　6.2　控件的识别与定位 ……………………………………… 103

　　6.3　常用的操作方法 ………………………………………… 105

　　6.4　Appium 轻量级 UI 自动化测试框架 …………………… 107

　　6.5　本章小结 ……………………………………………… 109

第 7 章　浅谈移动 APP 非功能测试 …………………………… 110

　　7.1　移动 APP 启动时间测试 ……………………………… 111

　　7.2　移动 APP 流量测试 …………………………………… 112

　　7.3　移动 APP CPU 测试 …………………………………… 113

　　7.4　移动 APP 电量测试 …………………………………… 114

　　7.5　移动 APP 兼容性测试 ………………………………… 116

　　7.6　移动 APP 测试工具和云测平台 ……………………… 118

　　　　7.6.1　常用的移动 APP 测试工具介绍 …………… 118

　　　　7.6.2　常见云测平台介绍 ………………………… 122

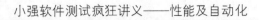

7.7　移动应用基础数据统计方案介绍 …………………………… 122

7.8　本章小结 ………………………………………………………… 125

第 8 章　前端性能测试精要 …………………………………………… 126

8.1　HTTP 协议简介 ………………………………………………… 127

8.2　HTTP 请求和响应的过程 ……………………………………… 128

8.3　前端性能优化方法 ……………………………………………… 128

8.3.1　减少 HTTP 请求数 ……………………………………… 129

8.3.2　图片优化 ………………………………………………… 131

8.3.3　使用 CDN ………………………………………………… 132

8.3.4　开启 GZIP ………………………………………………… 132

8.3.5　样式表和 JS 文件的优化 ……………………………… 133

8.3.6　使用无 cookie 域名 ……………………………………… 133

8.3.7　前端代码结构优化 ……………………………………… 134

8.3.8　其他优化方法 …………………………………………… 135

8.4　常用前端性能测试工具 ………………………………………… 136

8.4.1　Firebug …………………………………………………… 136

8.4.2　利用 Chrome 测试移动端网页性能 …………………… 138

8.4.3　HttpWatch ………………………………………………… 140

8.4.4　YSlow ……………………………………………………… 142

8.4.5　PageSpeed ………………………………………………… 144

8.4.6　埋点测试 ………………………………………………… 145

8.4.7　基于 ShowSlow 的前端性能测试监控体系 …………… 148

8.4.8　基于 YSlow 和 Jenkins 的前端性能测试监控体系 …… 150

8.4.9　其他前端性能测试平台 ………………………………… 151

8.5　真实网站的前端性能测试 ……………………………………… 154

8.6　本章小结 ………………………………………………………… 156

第 9 章　测试团队的组建与管理 …………………………………… 157

9.1　重新认识所谓的管理 …………………………………………… 157

9.2　人人都是管理者 ………………………………………………… 158

9.3　测试团队常见的组织架构模型 ………………………………… 159

9.4　小议扁平化组织结构 …………………………………………… 160

9.5　如何组建测试团队 …………………………… 161
9.6　如何高效管理测试团队 ……………………… 164
　9.6.1　初创期测试团队的管理 ……………… 165
　9.6.2　发展期测试团队的管理 ……………… 166
　9.6.3　稳定期测试团队的管理 ……………… 168
9.7　如何考核和激励测试团队 …………………… 169
　9.7.1　如何进行测试团队的考核 …………… 170
　9.7.2　如何激励测试团队 …………………… 172
9.8　人性管理 ……………………………………… 173
9.9　缺陷知识库的建立 …………………………… 175
9.10　如何高效地开会和写日报 ………………… 178
9.11　PDCA 环 …………………………………… 180
9.12　本章小结 …………………………………… 181

第 10 章　畅谈测试工程师未来之路 ………………… 183
10.1　软件测试行业的现状与发展趋势 ………… 183
10.2　如何成为优秀的测试工程师 ……………… 186
10.3　再谈测试工程师的价值 …………………… 188
10.4　危机！测试工程师真的要小心了 ………… 189
10.5　测试工程师职业发展路线图 ……………… 191
10.6　本章小结 …………………………………… 195

第 11 章　一线测试工程师访谈录 …………………… 196
11.1　90 后美女的全能测试蜕变之路 …………… 196
11.2　从功能测试到性能测试的转型之路 ……… 198
11.3　一只菜鸟的成长之路 ……………………… 200
11.4　90 后帅哥的测试技能提升之路 …………… 201
11.5　本章小结 …………………………………… 203

附录 A　参考资料 …………………………………… 204

附录 B　LoadRunner 常见问题解决方案汇总 ……… 205
B.1　LoadRunner 和各 OS 以及浏览器的可兼容性 … 205

B. 2　LoadRunner 无法安装 ……………………………………… 205

B. 3　录制的时候无法启动 IE ……………………………………… 206

B. 4　录制脚本为空 ………………………………………………… 206

B. 5　示例网站 WebTours 无法启动 ……………………………… 206

B. 6　Controller 中运行场景有很多超时错误 …………………… 207

B. 7　录制完成有乱码 ……………………………………………… 207

B. 8　LoadRunner 中对 HTTPS 证书的配置 …………………… 208

B. 9　LoadRunner 运行时常见报错解决方案 …………………… 208

附录 C　性能测试文档模板汇总 …………………………………… 210

C. 1　场景用例模板 ………………………………………………… 210

C. 2　性能测试计划模板 …………………………………………… 211

C. 3　性能测试方案模板 …………………………………………… 212

C. 4　性能测试报告模板 …………………………………………… 214

C. 5　前端性能对比测试结果模板 ………………………………… 215

附录 D　自动化测试用例模板 ……………………………………… 216

附录 E　管理相关文档模板汇总 …………………………………… 217

E. 1　日报模板 ……………………………………………………… 217

E. 2　绩效考核方案模板 …………………………………………… 218

后记 ……………………………………………………………………… 220

第1章

全新认识性能测试和自动化测试

我为什么会把这个话题放到最开始呢？就是因为这些年在企业工作中、在教育领域培训中接触过不少朋友,在这个过程中我发现居然有95%以上的朋友不明白什么是性能测试,什么是自动化测试。这都不要紧,但更可怕的是还对这些概念有巨大的误解,从而导致学习的时候走了很多弯路,我也是万般无奈,所以我们就先来好好聊聊性能测试和自动化测试到底是什么,希望能帮助大家更加全面、深刻地理解它们。千万不要小瞧这些,如果你的认知都是错的,你怎么可能学得对呢？

另外,我也必须在开篇中指出一点：所有人的学习都需要一个过程,也许你身边有同事已经经历了 A 阶段到达了 B 阶段,他或许会从技术层面鄙视你或者批判你,但是你不要气馁,谁都不是从娘胎里出来就会说话、就会跑步的,都需要经历这个特别"低级"的阶段,这是必然。我们会一直坚持正能量带领"新人"成长,帮助你完成阶段性的蜕变。

1.1 性能测试到底是什么

这个看似简单的问题我相信很多朋友都无法全面地回答上来。可能知道的朋友会说性能测试就是用 LoadRunner 或者 Jmeter 工具搞个并发来压测系统,也可能会说性能测试就是同时让很多人访问系统看系统能否扛得住。这些回答我只能说对，但不够全面，也不够深刻，只是把表象描述了一下而已。其实真正的性能测试无法用一两句话来简单概括，因为它涉及的东西太多了。

大部分小白朋友把性能测试简单理解为等同于压测服务器，看服务器能不能扛得住，但这只是其中一方面而已，其实性能测试可以分为多个层级，每个层级的关注点以及测试方法等都不太一样，我们常认为的是服务器端侧的性能测试。至于性能测试的分层我们会在后面的章节中给大家讲解。

那性能测试到底应该怎么去理解呢？我们不妨换个角度来看看，不论是大家理解的通过工具来压测系统还是号召100个人同时去访问系统，都不过是实现的手段或者方法而已，我们更应该关注性能测试的目的是什么，目的不一样则实现的手段或者方法就有可能不一样。所以我们倒着来看看性能测试，不外乎就是这么几个目的：

1）压测系统看系统的前端以及后端是否满足预期（类似功能测试用例中的预期结果和实际结果的概念）；

2）压测系统看系统可以承受的最佳压力和最大压力，来判断系统的承受极限；

3）压测系统看系统在长时间运行下是否可以正常处理请求（类似疲劳测试）；

4）容量规划，当系统越来越稳定的时候，我们要提前考虑它的远景规划，或者更通俗的解释就是"人无远虑，必有近忧"，这里的"远虑"就是容量规划。

这样一来我们应该就能明白性能测试其实更多的是一个过程的统称，并不是一个具体的定义，同时在学习性能测试的时候要暂时抛开功能测试的思想，否则很容易掉进陷阱，这也是大部分小白朋友最容易犯的错误。

1.2　性能测试分层模型

性能测试分层模型是为了让大家更容易理解和学习性能测试而总结出来的，即使对于有一些经验的朋友，这个分层模型也会对你在认知上有所帮助的。该分层模型并不高大上，也有可能不够完善，只是对杂乱的知识做了总结提炼，但对于小白朋友来说是非常好的良药，可以帮助大家快速、全面地理解性能测试。分层模型如图1.1所示。

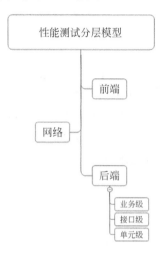

图1.1　性能测试分层模型

下面我们就来看看这个性能测试分层模型中每层所代表的含义。

1.2.1　前端层

前端层主要是指用户看到的页面，比如电商网站的首页、移动APP的各个页面，这些是用户最关心的。对于用户而言，一个系统的快慢他们只会通过页面的展现速度来判断，并不会在意后端处理的速度，所以我经常说即使后端优化得很牛，但前端页面性能却非常差，那也是无用功。

以前这个层级是很多企业和测试工程师并不关注的，但近几年对于前端性能的要求越来越高，因此这也是大家应该了解的知识。本书将在后面的章节中详细讲解前端性能方面的知识和实践经验。

另外，APP的测试也是大家经常问我的问题，我有时候特别无奈，大家张口就问："APP性能测试怎么做啊?"这样的问题没法回答。APP的性能测试至少包括两个方面：APP的前端，也是现在业界里常说的APP专项测试；APP的后端，本质上和Web侧性能测试一样。所以，在问之前一定要明白这些知识，别人才能有针对地回答你。

1.2.2　网络层

任何系统都可以粗略地分成客户端、网络和服务器端，其中网络是连接前后端的命脉，网络质量的好坏也有很大的影响。在性能测试中可能遇到的情况大致分为两种，一种是测试不同网络状况下的大流量的表现（一般接触得比较少）；另一种则是压力机和服务器最好在同一网段，不然压力无法完整地到达后端，会在网络层拖垮，这样就没法较为准确地评测服务器端的性能情况了。如果你测试的是移动端APP，那么你可能还要考虑在不同网络状态下的测试。对于网络层的性能测试我接触得非常少，为了不误人子弟这里就不班门弄斧了。大家的重点是了解这个分层模型，对于理解性能测试很重要。

1.2.3　后端层

我把后端层分成了三种情况，也是绝大多数企业中应用的方向，是大家必须了解和掌握的。同时大家也要明白，不论是Web端还是移动APP端，在后端层性能测试的方法都是类似的。

第一，业务级。通俗点解释就是从页面录制你的场景脚本。比如，现在有一个小强电商网站，你要通过页面录制脚本完成登录、浏览单品页、下单的流程。这个层级我想大家是最熟悉的，因为LoadRunner这个工具就是用来完成这样的流程的，也是大部分小白同学必学的。至于怎么去完成，我们在后面的章节中会详细讲解。

这种性能测试方式有个致命的缺点就是依赖于页面，如果页面没有开发完测试就无法提前进行，而现实中测试时间往往被一味压缩，所以如何把测试的切入点尽可能地提前就显得比较重要了。而接口级恰恰就解决了这个问题。

第二，接口级。这个层级是大部分公司做性能测试的首选，也是最有效率的方式之一。比如，现在有一个登录接口，你只需要知道入参、出参以及规则等即可编写测试接口的代码，不需要等待页面的开发，大大提前了测试的切入点，但它要求测试工程师有一定的编码能力。除此之外，接口级测试的扩展性强，可以通过完成接口的性能测试和功能自动化测试框架来提升效率，性价比较高。具体如何去完成将在后面的章节中详细讲解。

第三,单元级。这个层级恰恰和接口级相反,很多公司想做,但有心无力。单元级大家理解为类似"单元测试"即可,比如,有一个 PHP 代码块,我们可能需要测试一下核心算法函数的性能,可以通过插桩或引入单元测试框架来完成,从而获得它的执行时间、CPU 消耗以及内存占用率等信息来优化代码性能,如图 1.2 所示。

```
                    Overall Summary
            Total Incl. Wall Time 217
                     (microsec): microsecs
   Total Incl. CPU (microsecs): 0 microsecs
   Total Incl. MemUse (bytes): 2,904 bytes
        Total Incl. PeakMemUse
                     (bytes): 0 bytes
   Number of Function Calls: 8
```

[View Full Callgraph]

Displaying top 100 functions: Sorted by Incl. Wall Time (microsec) [display all]

Function Name	Calls	Calls%	Incl. Wall Time (microsec)	IWall%	Excl. Wall Time (microsec)	EWall%	Incl. CPU (microsecs)	ICpu%	Excl. CPU (microsec)	ECPU%	Incl. MemUse (bytes)	IMemUse%	Excl. MemUse (bytes)	EMemUse%	Peak
main()	1	12.5%	217	100.0%	37	17.1%	0	N/A%	0	N/A%	2,904	100.0%	888	30.6%	
microtime_float	2	25.0%	179	82.5%	76	35.0%	0	N/A%	0	N/A%	1,604	55.2%	164	5.6%	
microtime	2	25.0%	92	42.4%	92	42.4%	0	N/A%	0	N/A%	480	16.5%	480	16.5%	
explode	2	25.0%	11	5.1%	11	5.1%	0	N/A%	0	N/A%	960	33.1%	960	33.1%	
xhprof_disable	1	12.5%	1	0.5%	1	0.5%	0	N/A%	0	N/A%	412	14.2%	412	14.2%	

图 1.2　单元级测试

那为什么很多公司做不起来单元级的测试呢?可能有以下几个原因:

1)业务变化太快,涉及的代码逻辑修改也比较大,这样做单元级测试就得不偿失了;

2)开发朋友们确实没有太多的时间写单元测试代码,毕竟业务逻辑代码写起来也很费时,没有太多时间搞其他了;

3)测试工程师编码能力相对来说较弱,能独当一面完成单元测试的人少之又少,再加上时间紧迫就更无法做单元级的测试了。

了解这些分层后,也许有的朋友会感觉其中有些技术很厉害,很高大上。可是我个人觉得不是你用多么厉害的技术就牛,只有用合适的技术带来较高的性价比才是王道,有句话说的好"最好的不一定是合适的,只有合适的才能发挥最好的效果"。

看完这些不知道大家是不是对性能测试有了不一样的了解。当然,这个模型不见得是最好的,只是根据经验总结而来,也有很大的改进空间,我希望的是能和大家一起交流来完善,并不希望争论对与错。世间本身没有绝对的对与错,只有更多的交流你才能吸收更多的知识来武装提升自己,俗话说得好"你一个想法，我一个想法，我们交流一下就彼此拥有了两个想法"，何乐而不为呢。

1.3   自动化测试到底是什么

重新认识性能测试之后我们再来看看自动化测试到底是什么。其实这个话题我在不同的场合多次谈过，甚至在我创办的"挨踢脱口秀"中也专门做了一次节目来说明，但可惜仍然有很多朋友对自动化测试的认知是不完整的，那本节就再次带领大家重新认识一下。

自动化测试到底是什么？我们可以简单地理解为前期通过人工编码完成框架，后期解放人力并自动完成规定的测试。更通俗点可以这么理解：现在有小强1号和2号两个机器人，你对其中的小强1号机器人进行编码告诉他"在每天中午12点的时候给小强2号机器人一巴掌"，那么当到了中午12点的时候小强1号机器人就会按照你的编码要求执行，并给小强2号机器人一巴掌，这样你就可以干其他事情去了，不需要自己来做，解放了人力，提升了效率（莫名地感觉到自己的脸被打了一巴掌啊）。

讲到这里大家应该明白什么是自动化测试了吧？嘿嘿，你真的以为自己明白了？我想这时候肯定有不少朋友会脱口而出，自动化测试不就是QTP、Selenium、Appium这些玩意嘛？如果你真这么理解那还是不够完整。大部分朋友都觉得一说自动化测试就是指UI层自动化测试，其实UI层自动化测试只是其中的一种而已，具体的层级我们会在后面的章节讲解。

最后我也必须提出一点，任何无法服务于业务的技术都是没有价值的，自动化测试也是，只有自动化测试能真正地服务于业务，并带来较高性价比才有价值，单纯拿代码堆叠起来的自动化测试不可取。

1.4   自动化测试是否万能

测试领域对于自动化测试是不是万能这个话题也是一直争论不休啊，抛开一切虚伪的目的和利益，我就简单谈谈自己的看法。自动化测试是否万能这个话题本身定位就有问题，它一定要有一个前提才行，不然争论下去是没有意义的。

在纯技术层面来说自动化是万能的,即使现在有不能的,但随着技术的发展和进步一定会变为可能。N年前你会想到在餐厅会有机器人给你送餐吗?你会想过APM系统能自动完成系统的性能监控、分析吗?所以,站在这个层面来说,自动化测试是万能的,并且会像硬件一样,未来的成本会越来越低。

但在实际的应用层面来说自动化测试又不是万能的。这里说个真实的事情,我曾经和某家知名社交公司的测试经理聊过,他们当时招了5、6名自动化测试工程师来做Selenium的UI层自动化测试,但最终还是没做起来,最后只留下几名工程师做一些简单的工作,主要是因为成本和效率的限制。当然我举这个例子并不是说自动化测试无用,当然也有成功的例子,后面章节中会举实际例子。在这里我只是想表达一个思想,借用一句广告语"此酒虽好,但不易贪杯哦",所以,万能不万能其实根本不重要,重要的是怎么能用得"恰到好处"。

1.5 自动化测试分层模型

我们全新认识了自动化测试之后再来看看自动化测试分层模型,同时也会和大家聊聊自动化测试到底怎么用才能"恰到好处"。此模型在网上也看到过,不知道是谁最先写出来的,总之感谢此模型的创造者!我在这个模型上面做了一些微调,方便小白朋友们更好地理解。分层模型如图1.3所示。

图1.3 自动化测试分层模型

有了性能测试分层模型的经验,自动化测试分层模型就容易理解了,它主要分为三层,下面我们就一层层地详细讲解。

1.5.1　UI 层

这是大部分朋友理解的自动化测试,UI 指的就是用户可以用肉眼看到的页面。基本上我接触的小白朋友一说自动化测试就认为是 UI 层的,这个误解我觉得真是太可怕了。

我们先来聊聊 UI 层自动化测试的原理。不论是 Web 端还是移动端,原理都是一样的,就是基于页面元素的识别和定位来进行模拟用户行为。首先识别到某个元素,比如一个按钮,然后定义一个动作,比如点击,这样就通过代码模拟完成了一次按钮的点击,代替了人工去点击。如果后期再加入数据驱动和 Page Object 思想就基本可以形成一个 UI 层自动化测试框架了。明白了这个道理之后再来看 UI 层自动化测试的适用范围。

对于 UI 层自动化测试的适用范围,我个人不建议做大规模的应用,从自己的实践经验来看,大规模的应用 UI 层自动化测试最后的结局总是悲剧的。主要由以下几个原因导致:

1) UI 变化频繁,计划根本赶不上变化(同意的小伙伴们请点赞);

2) 初期见效太慢,等不了,我们都希望恨不得用了自动化测试技术就能立马看到效果,但事实总是相反,自动化测试的效果是在后期体现的;

3) 前端的开发不规范,导致很多元素识别和定位起来较为困难。

那 UI 层自动化测试是不是就不能应用了呢? 必然不是! 保持一个客观、公正的态度来看待是非常重要的,至少从我个人的实践经验来讲,UI 层自动化测试可以应用到冒烟测试中,这里的冒烟测试是指主流程的测试,就是那些非常重要且不会频繁变化的流程,可以利用 UI 层自动化测试来完成。比如,之前我们会对电商系统的主流程做每日的 UI 层自动化回归测试,用来保证线上系统功能的正常,效果还不错。所以,用与不用关键在于它的适用范围,只有在合适的范围内使用了合适的技术才会表现出最好的效果。

最后用一句话总结下:"给你一把屠龙刀,如果你不会用那就和菜刀一样。"只有对自动化测试有了正确的认知才能更好地去推动它的发展,也只有明白了它的特点才能更好地运用。

1.5.2　接口层

接口层是现在企业中应用最为广泛的自动化测试方法之一，它的优点在于基本规避了 UI 层自动化测试的缺点，并且一旦形成较为稳定、完整的框架后基本上是比较通用的，不论是在 Web 端还是移动端都可以使用。但缺点也很明显，就是对测试工程师的编码能力要求较高，这也是很多测试工程师止步于此的重要原因。

接口层自动化测试是我个人比较推荐，也建议大家有能力多去学习一下，对于自身测试技术的提升还是有明显帮助的。一般接口层自动化测试都会用 Python、Ruby 等语言开发，比如，某租车公司的接口测试框架是用 Ruby 开发的，我们之前的接口测试框架是用 Python 开发的，这里大家不必纠结用什么语言开发，每个语言在编程思想上是相通的，只是在语法上稍有不同而已，基本上你熟悉了一门语言后学其他的语言都会非常快。多说无益，只有做过的朋友才能体会它的好。后面的章节中也会给大家讲解一些轻量级框架的设计与实现。

1.5.3　单元层

单元层的自动化测试对测试工程师的编码能力要求较高，且要能看懂业务的实现代码，这样才能针对被测代码编写单元测试代码，一般都是引入 XUnit、TestNG 等框架来完成。为什么大部分公司在这个层级也无法很好地推行呢？原因在 1.2 节性能测试分层模型中已讨论过，此处不再讲述。

其实，自动化测试的难点在于框架的设计，并不在于写代码。框架的设计需要统筹全局，就好像一个指挥官。而最后实现框架则招几个有代码能力的人怎么都可以实现。在小强自动化测试班中我也能深刻地感受到，很多学员在学写代码的时候表现还不错，但在最终设计框架的时候毫无头绪，或者说是没有框架设计的思想，导致大脑一直空白，这样的话学得再好都没有用，因为你学的用不上，只有当你具备总体框架设计的思维能力，才能利用所学的语言去实现，过程中无非就是在实现的过程中遇到问题了查查资料而已，至少你能迈出这最重要的一步了。可见，有时候思想是多么关键啊！

1.6 初学者如何选择学习哪种测试技术

这个话题有点沉重，因为一旦表述不好可能会被一些无良的人骂之，但思前想后还是决定写这一章节。因为太多的朋友问过我这个问题了，大概统计了一下，基本每两天就会被问到一次，有时候一天还会被问到 N 次，我反复回答得都要吐血了，为此还在《挨踢脱口秀》中专门做了一期节目，可见这个话题的必要性了，也希望能帮助有选择纠结症的朋友。

下面我尽量客观地以我自己的学习经历来聊聊，也许这个经历不是最好的，甚至是错的，但可以给大家一些参考，帮大家少走一些弯路，我觉得就是有价值的。

首先，我们说说学习性能测试需要面临的几个挑战，大家可以结合自己的实际情况判断自己是否适合继续学习。

第一，庞大的知识体系，这是我们面临的第一个挑战。性能测试是一项复杂且需要耐心的工作，我们需要在复杂的系统中"抽丝剥茧"，一层层分析从而确定性能问题。这个过程会涉及中间件、Web 服务器、缓存、数据库、代码等知识，所以没有一个较为完整的知识体系就很难进行下去。虽然说是挑战，但在我看来却是大部分小白朋友最佳的入门途径，因为它能帮助我们快速建立较为完善的知识体系，对于我们而言有百利而无一害。不知你是否遇到过这样的场景，被指着鼻子说：连一个 SQL 语句都不会写，连中间件是什么都不知道你还和我们讨论什么。这样的"羞辱"虽然让我们不开心，但也直白地指出了现在很多测试工程师在整体知识体系方面的欠缺，只有把自己的短板补起来才有底气和实力去争取更美好的事物。

第二，较强的分析能力，这是我们面临的第二个挑战。就好像动画片《柯南》，在复杂的犯罪现场破案，需要不断地推断和论证，这个过程中有可能会把之前确定的事情推翻了，也有可能好几天都没有进展，但这也是它的魅力，可以说是痛并快乐的。

在接触过很多学员之后，我发现大家一个共性的问题就是逻辑分析能力较差，在分析的过程中经常是东一点西一点，完全没有逻辑可言，都是乱猜，并且经常容易掉入细节，一旦掉入无法自拔，导致停滞不前，这也就是为什么很多人觉得性能测试难的原因。在我看来，性能测试的分析过程就像剥洋葱，你需要一层层剥开才能看到问题所在，这个过程需要你有较强的逻

辑分析能力,同时也要具有宏观性,只有站在一定的高度去看待问题才能豁
然开朗,不然就会陷入死胡同。一旦这个思维能力培养好了,就会事半功
倍,学习其他技术时效率也会提高,所以万事都需付出才能有收获。

其次,我们再来说说学习自动化测试需要面临的几个挑战。

第一,编码能力,这个是逾越不过的坎儿。说到这里可能会有朋友问难
道性能测试不需要编码能力吗? 答案是需要,但比起自动化测试来说门槛
相对低点。其实对于一个优秀的测试工程师来说编码能力是必备的技能。

如何提升自己的编码能力也是不少朋友咨询过我的问题,真心没有什
么捷径,就是要多练习多总结,我说的练习是真正地动手去做而不是看。我
带过的学员中其实大部分同学都存在一个问题,就是上课讲的时候听起来
感觉很简单,不以为然,但自己下课后练习时却出现各种问题,很简单的知
识点能搞一天,所以一定要多练习,每次犯过的错误也都要及时总结,不能
让自己在同一个地方跌倒两次。我再苦口婆心一句:“没有不起眼的砖,没
有看不到的框架,漂亮的楼房怎么能屹立不倒。”

第二,逻辑思维能力。在有了编码能力之后就能做自动化测试了吗?
显然不能,因为自动化测试最终是希望建立一个框架或者平台,这是一个大
工程,一定要有较强的逻辑思维能力和设计能力才行。就好比,你会焊接技
术但不代表你会设计汽车啊。所以自动化测试真正的难点在于设计思想,
一点经验都没有的朋友做起来确实会比较吃力,这也就是为什么我个人建
议可以先学习性能测试,培养能力和思维之后再学自动化测试的原因了。

说了这么多,我想大家应该心中已经有了答案,再次声明,这些只是我
个人的看法,不见得对,仅供参考而已,不喜勿喷。

1.7　本章小结

本章的内容看似以理论为主,却是十分重要的,尤其对于小白朋友来
说,正确地理解什么是性能测试和自动化测试尤为重要,也能为以后的学习
打下坚实的基础。

对于已有一些经验的朋友,本章也能完善你的认知,为后续推动性能测
试、自动化测试的发展和应用提供一定的指导思想。

希望大家通过本章的阅读可以全新认识性能测试和自动化测试,也希
望本章的内容可以解答大家心中的一些疑惑。

第 2 章

LoadRunner脚本开发实战精要

本章将详细讲解 LoadRunner 在企业项目应用中关于脚本开发方面的知识,同时也会对大家关心的并发数、场景设计、结果分析以及报告编写等方面进行讲解。但有关 LoadRunner 的基础知识和操作不在本书的范围内,大家可以去我的博客或者附录中的资料地址自行学习。

2.1　LoadRunner 介绍

LoadRunner 是业界著名的商业性能测试工具,也是做性能测试的朋友经常接触的工具之一。可能有的朋友对工具这个东西不感冒,甚至觉得自己会使用某一工具这件事是非常"low"的,但我想说的是虽然工具不是万能的,但没有工具却万万不能,能把一个东西应用到极致也是一种本事。而如何通过学习并使用工具来体会它的设计思想,这才是更重要的。

举个例子,如果有朋友了解 QC(Quantity Center)应该知道它是一款强大的商业测试管理工具,也许我们买不起它,但至少可以学习这个工具的设计思想,这样我们就可以利用开源的工具来模拟出 QC 可以做的事情,详细的文章内容可参考我博客中的"Quality Center 引发的测试管理思考"一文(http://xqtesting.blog.51cto.com)。所以我也希望大家正确地看待工具,它能给我们带来的价值远比我们想象得要多。

2.2　使用 LoadRunner 完成业务级脚本开发

这里所说的业务级其实就是一个概念的包装,很多时候一些新鲜且高大上的概念都是这样被包装出来的。可以简单地将业务级脚本开发理解为通过模拟用户在页面上的操作而完成业务流程和场景即可。

LoadRunner 之所以受到欢迎,其中一个重要原因就是它有强大的录制功能,免去了我们手工写脚本的步骤,大大降低了门槛。当然,一些特殊的脚本我们还得手工去编写代码。这里我们将以一个典型的电商项目为例进行业务级脚本开发的讲解,协议是最常用的 HTTP 协议。

2.2.1　项目介绍

标准的电商商城,拥有 Web 端和 WAP 端(标准的 H5),也就是说既可以通过 PC 的浏览器来访问,也可以通过手机端来访问。拥有大部分商城应有的功能,比如注册、登录、搜索、下单、支付等,并支持与第三方支付系统对接。说了这么多来一张炫丽的页面,如图 2.1(请忽视图中 1 元的大钻戒,要真有这个价格的我会偷偷告诉你们的哦)。

2.2.2　需求分析

对于性能需求点的分析和提取,可以参考的指导性方法大致有通过服务器日志分析、业界公认标准、8020 原则、用户模型等,具体来说,性能需求点包括但不限于以下这些。

1) 用户最常用的业务。最常用不见得就是最重要的、最核心的,但却会影响用户体验,比如登录、搜索。有时候我们的思维惯性会导致思考进入盲点,大家需要慢慢调整。

2) 最重要的业务。最重要的不见得就是最常用的,可一旦出现问题可能会影响全局。

3) 耗费资源较大的业务。比如,搜索业务可能会查询出较多、较大的数据。这样的业务有可能会导致服务器资源的极大占用,严重的会导致宕机。

4) 关键接口。对于一些重要且关键的接口也应该单独来进行性能测

图 2.1　商城页面

试,尽早做预防。如何使用 LoadRunner 来完成接口级脚本开发将在后续的
章节中详细讲解。

　　当我们完成需求分析之后,就需要把需求详细地描述下来记录成文档,
这时候又会出现一些问题,在描述需求的时候会存在不准确、不完整甚至有
歧义的现象。所以在描述的时候尽量要准确、一致。比如,在有 1500 个系统
用户,基础数据为 10 万的条件下,并发 100 个,完成某业务最大响应时间不
超过 5 秒,平均响应时间在 2 秒内。

小 强 课 堂

　　小白朋友很多时候对系统用户数、在线用户数和并发数这几个概念
分不清楚,下面我就做一个简单的解释。

- 系统用户数：说简单点就是该系统的注册用户数。例如，小强软件测试的博客里存在8888个注册用户，他们可以是活跃的也可以是"僵尸"的。
- 在线用户数：是指登录系统的用户数。例如，其中有888个用户状态为在线，但在线用户并不一定都会对服务器产生压力，因为有的用户登录后什么都不干的。
- 并发用户数：是指与服务器产生交互，也就是说对服务器产生压力的用户数。例如，可能在线的888个用户中只有20%的用户对服务器产生了压力，而在性能中我们常说的并发用户数就是这个概念。

说到这里，我又突然想起一个经常被讨论的话题，总有人说需求分析一定要根据日志来，什么8020原则都是不对的。我不知道这些人是怎么想的，至少在我自己的经历中遇到了几种情况无法根据日志分析，我相信也是大部分朋友遇到的。

1）新系统。根本没有数据可以参考，怎么去分析日志？大家一定要明白，站在技术角度来说，根本没有绝对的对和准确，你觉得你的方法是对的，可能过两天出来一个更加对的方法。科学界的标准都在不断更新，甚至推翻，更何况技术呢。

2）老系统。你以为老系统就一定会有完善的数据提供给你？别逗了，很多公司的老系统也没有完善的监控体系，只能提供一些基础的日志信息。有的朋友可能会说，你看那些大公司都有，是的，它们是都有，但并不代表所有公司都有，毕竟好点的大公司就那么几家，不是每个人都可以进去的。我一直提倡：一个优秀的测试工程师不是技术有多牛而是他的适应能力、学习能力是极强的，不论是在数据完善的大公司还是在混乱的小公司抑或发展中的创业公司都可以一展身手。

所以，分析的方法并没有对与错的标准，不同的情况下我们只能用不同的方法来做分析。就好像你在一个孤岛上，上面没有现成的淡水供你饮用难道你就要渴死吗？完全可以自制一个简易的淡水过滤系统，至少可以保证你能活下来，只有活下来你才能做更多的事情。

对于大家熟悉不过的电商商城来说，简单提取下需要测试的业务也不是一件难事。这里我们以登录、搜索、浏览单品页、下单支付为例来讲解脚本开发,其中一定有你曾遇到或将要遇到的难题。

2.2.3　脚本开发

1. 登录脚本

登录业务是我们最为熟悉的业务,一般就是输入用户名、密码进行登录,如果安全一点还会要求输入验证码。那这时第一个问题就来了,对于有验证码的登录该怎么处理呢? 一般的处理方法有下面几种。

1) 利用各种先进技术去识别,比如,利用 OCR 来识别验证码。首先对于这样的研究和实践我们应该为其点赞,做技术就应该有探索的精神。但现在的验证码都比较复杂,干扰因子很多并不好识别,所以我个人觉得没有特殊需求可以放弃这种方法。

2) 验证码对于做性能测试而言其实影响并不大,明白这一点后我们直接找开发的同学协助屏蔽系统中的验证码即可,简单有效。

3) 方法 2)虽然简单有效,但有一个缺点,如果你的被测系统是已经上线了的,直接屏蔽验证码影响就比较大了,这时候我们可以转变下思路,留一个“万能验证码”出来,也就是后端确认一串字符,只要用户输入这个字符,不论现在的验证码是什么,都认为是正确的。这样就比较好地解决了问题。

解答了大家第一个疑问之后,我们就开始录制脚本了,具体录制操作过程此处不再讲述,去掉无关请求后的最终登录脚本代码如下。

```
Action()
{
    //打开首页
    web_url("xiaoqiangshop",
        "URL = http://127.0.0.1/xiaoqiangshop/",
        "TargetFrame = ",
        "Resource = 0",
        "RecContentType = text/html",
        "Referer = ",
        "Snapshot = t1.inf",
        "Mode = HTML",
        LAST);

    //文本检查点,检查登录的用户名,如果没有找到就算失败
    web_reg_find("Fail = NotFound",
```

```
        "Text = {username}",
        LAST);

    //思考时间固定 2s
    lr_think_time(2);

    //登录事物
    lr_start_transaction("登录");
    //登录用户名进行了参数化
    web_submit_data("user.php_2",
        "Action = http://127.0.0.1/xiaoqiangshop/user.php",
        "Method = POST",
        "TargetFrame = ",
        "RecContentType = text/html",
        "Referer = http://127.0.0.1/xiaoqiangshop/user.php?act = login",
        "Snapshot = t9.inf",
        "Mode = HTML",
        ITEMDATA,
        "Name = username", "Value = {username}", ENDITEM,
        "Name = password", "Value = 123123", ENDITEM,
        "Name = act", "Value = act_login", ENDITEM,
        "Name = back_act", "Value = http://127.0.0.1/xiaoqiangshop/", ENDITEM,
        "Name = submit", "Value = ", ENDITEM,
        LAST);
        lr_end_transaction("登录", LR_AUTO);

        return 0;
    }
```

2. 浏览单品页脚本

浏览单品页业务其实就是访问一个商品的详情页,一般都是通过一个
类似 ID 的字段来区别的。最终脚本代码如下。

```
Action()
{
    lr_think_time(2);

    //浏览单品页事物
    lr_start_transaction("浏览单品页");
    //商品 id 进行了参数化
    web_url("goods.php",
        "URL = http://127.0.0.1/xiaoqiangshop/goods.php?id = {goods_id_db}",
```

```
        "TargetFrame = ",
        "Resource = 0",
        "RecContentType = text/html",
        "Referer = http://127.0.0.1/xiaoqiangshop/",
        "Snapshot = t13.inf",
        "Mode = HTML",
        LAST);
    lr_end_transaction("浏览单品页", LR_AUTO);

    return 0;
}
```

其中对商品 ID 进行了参数化,参数化一般在 LoadRunner 中有两种方式:文本参数化和数据库参数化。如果你的参数化数据较多可以使用数据库参数化来完成。此处使用的就是数据库参数化的方式。

3. 搜索脚本

有些搜索脚本会遇到一些共性的问题,就是编码。这个确实让人头疼,说个题外话,学过 Python 的朋友应该知道,在 Python2.X 中最头疼的就是中文的处理,而在 Python3.X 中则完美解决了这个问题。中文啊,你真是让我欢喜让我忧!

在 LoadRunner 中涉及转码的可以尝试使用 lr_convert_string_encoding 函数,具体用法可参考 LoadRunner 自带的函数帮助手册。最终脚本代码如下。

```
Action()
{
    //转码函数,转为 utf8
    lr_convert_string_encoding(lr_eval_string("{keywords}"),
    LR_ENC_SYSTEM_LOCALE, LR_ENC_UTF8, "stringInUnicode");

    //把保存在 stringInUnicode 中的赋值给 ss
    lr_save_string (lr_eval_string("{stringInUnicode}"),"ss" );

    lr_think_time(2);

    //把 keywords 替换为转码后的内容
    lr_start_transaction("search");
    web_url("search.php",
```

```
        " URL = http://127. 0. 0. 1/xiaoqiangshop/search. php? keywords = { ss }
&imageField = % E6 % 90 % 9C + % E7 % B4 % A2",
            "TargetFrame = ",
            "Resource = 0",
            "RecContentType = text/html",
            "Referer = http://127.0.0.1/xiaoqiangshop/index. php",
            "Snapshot = t5. inf",
            "Mode = HTML",
            LAST);
    lr_end_transaction("search", LR_AUTO);

    return 0;
}
```

4. 下单支付脚本

所谓的下单支付就是大家熟知的购买和付款，面对这样的业务时，我们又会遇到一个问题：假如测试的系统 A 与 B 有交互，而 B 又不在我们的控制范围内，导致测试没法进行，比如这里的第三方支付系统。碰到这样的情况怎么办呢？一般的解决方法是利用 Mock 技术，通俗点解释就是构建一个虚拟的 Service 来自动返回所需要的响应。Mock 技术我们会在后续章节中讲解，此处暂时不做讲解。

像登录之类的脚本我们也可以理解为单业务脚本，就是没有混合其他业务，而下单支付脚本则是混合业务脚本，需要涉及其他的业务。此脚本通过录制后稍作调试就可以正常运行，这里有一个大家经常遇到的问题，我们单独拿出来在这里讲解。

在本业务中有一步是加入购物车的操作，脚本代码如下。

```
lr_start_transaction("加入购物车");
web_custom_request("flow.php",
    "URL = http://127.0.0.1/xiaoqiangshop/flow.php?step = add_to_cart",
    "Method = POST",
    "TargetFrame = ",
    "Resource = 0",
    "RecContentType = text/html",
    "Referer = http://127.0.0.1/xiaoqiangshop/goods. php? id = {goods_id}",
    "Snapshot = t14. inf",
    "Mode = HTML",
"Body = goods = {\"quick\":1,\"spec\":[ ],\"goods_id\":{goods_id},\"number
```

```
\":\"1\",\"parent\":0}",
    LAST);
lr_end_transaction("加入购物车",LR_AUTO);
```

细心的朋友应该观察到在 web_custom_request 的请求中，有一个 Body 的参数值是一段奇怪的代码，它实际是一段 JSON 串，主要是传递在购物车里的信息，比如数量、商品 ID 等。

一般我们接触最多的是 web_url、web_submit_data 函数，而对 web_custom_request 和 web_submit_form 函数可能不太熟悉，所以有必要先了解这几个函数的特点，具体如下。

- web_url：此函数用来模拟用户请求，比如，打开一个页面。
- web_submit_data：无须前面的页面支持，直接发送给对应页面相关数据即可，同时隐藏域中的数据也会被记录下来，同 ITEMDATA 中的参数数据一起提交给服务器。推荐设置为此选项，因为隐藏域中的数据往往是我们比较关心的。

小 强 课 堂

隐藏域是用来发送信息的不可见元素，对于访问网页的用户来说，隐藏域是看不见的。如果想要获取上一页的某些信息，但在上一页又不能显示这些信息就可以使用隐藏域。当表单被提交时，隐藏域就会将信息用设置时定义的名称和值发送到服务器上。隐藏域的格式类似：< input type＝"hidden" name＝"username" value＝"小强">，其中 type＝"hidden"就是定义隐藏域的。

- web_custom_request：当请求比较特别时，LoadRunner 无法使用以上函数进行解释，那么便会出现此函数。在我们的脚本里就是因为出现了 JSON 的传递。
- web_submit_form：数据的提交。该函数会自动检测当前页面上是否存在 form，如果存在则将 ITEMDATA 中的数据进行传送，无法获取到隐藏域的值。

我们再来看这个 JSON 串，大部分小白朋友初次遇到的时候都看不明白这个东西，对于 JSON 的基本知识大家可自行查阅相关资料来了解，针对本处的 JSON 串，一般我们可能要对商品 ID 进行参数化以达到购买不同商品的目的,只要对 JSON 串中的 goods_id 进行参数化即可。其余脚本并无特殊之处,所以不在这里罗列。

纵观 LoadRunner 的脚本开发并没有想象中那么复杂,只要你能理解每个请求的含义,明白每个请求对应的业务,耐心地调试,都可以成功。小白朋友之所以在此处学得非常费劲,很大的原因就是不明白每个请求对应的业务是什么,也不明白每个请求中的参数是什么意思。这里再次强调基础,先把这些概念都搞明白了,在去研究其他,不然会越学越乱!

2.3 使用 LoadRunner 完成 H5 网站的脚本开发

H5(HTML5)技术现在也非常流行,我经常在 QQ 群里看到有人问对 H5 的网站怎么进行测试,怎么录制脚本,我都会默默地潜水离开(别打我啊,哈哈)。

先来了解下什么是 H5。我们通常所说的 H5 是 HTML5 页面,是万维网的核心语言、标准通用标记语言下的一个应用超文本标记语言(HTML)的第五次重大修改。HTML5 的设计目的是为了在移动设备上支持多媒体。

H5 的优势至少有下面几点:
- 逐步推动标准的统一化;
- 多设备跨平台;
- 自适应网页设计;
- 即时更新;
- 对于 SEO 很友好;
- 大量应用于移动应用程序和游戏;
- 提高可用性和改进用户的友好体验。

虽然现在 H5 比较流行,但它也有显著的缺点。H5 本身也在发展中,所以并没有很好地兼容所有的浏览器,也缺少一个成熟、完整的开发环境。

此处仍以上面的电商商城项目为例进行讲解。本电商商城移动端基于 HTML5 开发,无须下载 APP,可在微信或浏览器中通过链接直接打开,手机商城可支持任意移动终端。效果如图 2.2 所示。

其实对于 H5 的网站来说,也是存在一个 URL 的,只是我们看不到而已,所以只要你知道这个 URL 就完全可以利用 LoadRunner 来完成录制了,具体的操作过程没有特殊之处。这里以访问首页后进行登录为例,最终脚

图 2.2　H5 商城

本代码如下。

```
Action()
{
    //访问首页
    web_url("mobile",
        "URL = http://127.0.0.1/xiaoqiangshop/mobile",
        "TargetFrame = ",
        "Resource = 0",
        "RecContentType = text/html",
        "Referer = ",
        "Snapshot = t15.inf",
        "Mode = HTML",
        LAST);

    //进入登录页
    web_url("index.php_3", "URL = http://127.0.0.1/xiaoqiangshop/mobile/
index.php?m = default&c = user&a = login",
```

```
        "TargetFrame = ",
        "Resource = 0",
        "RecContentType = text/html",
        "Referer = ",
        "Snapshot = t19.inf",
        "Mode = HTML",
        LAST);

    //提交登录信息
    web_submit_data("index.php_5",
    "Action = http://127.0.0.1/xiaoqiangshop/mobile/index.php?m = default&c
 = user&a = login",
        "Method = POST",
        "TargetFrame = ",
        " RecContentType = text/html", " Referer = http://127. 0. 0. 1/
xiaoqiangshop/mobile/index. php?m = default&c = user&a = login&referer = http %
253A % 252F % 252F127. 0. 0. 1 % 252Fxiaoqiangshop % 252Fmobile % 252Findex.
php % 253Fm % 253Ddefault % 2526c % 253Duser % 2526a % 253Dindex",
        "Snapshot = t21.inf",
        "Mode = HTML",
        ITEMDATA,
        "Name = username", "Value = xiaoqiang1", ENDITEM,
        "Name = password", "Value = 123123", ENDITEM,
        " Name = back _ act", " Value = http % 3A % 2F % 2F127. 0. 0. 1 %
2Fxiaoqiangshop % 2Fmobile % 2Findex. php % 3Fm % 3Ddefault % 26c % 3Duser %
26a % 3Dindex", ENDITEM,
        LAST);

    return 0;
}
```

之后的执行和普通的性能测试相比并没有任何区别。

2.4　Mock 实战精要

不论我们是在进行性能测试还是自动化测试总会有关注的主要对象和
非主要对象,而这里的类似第三方支付系统就是非主要对象,它并不属于你
的系统范围。所以,类似这样的情况我们可以屏蔽调用的具体细节,用
Mock 对象来替代,避免由于第三方模块引起的测试错误,确保调用时总可

以返回一个确定的预期结果来帮助我们完成测试。这里我们用一张图来解释，如图 2.3 所示。

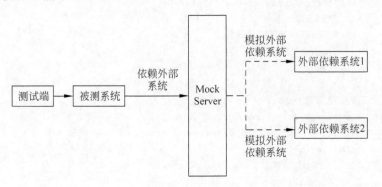

图 2.3　Mock

除了可以屏蔽第三方模块的影响外，对于系统内部的模块也有同样的作用。比如，现在 A、B 模块都是系统的内部模块，A 模块已经开发完毕，而 B 模块还未开发完毕，这时候想测试下 A 模块，就可以利用 Mock 技术来模拟 B 模块从而完成联调。

这里我们以购物车中的计算场景为例，一般总价格等于购物车中各个商品的数量 * 价格的总和，转换成伪代码看起来就是这样子的：total += (store. getPrice(item. getName()) * item. getQuantity());其中 store 对象有可能是暂时不知道的，这时候我们就可以用 Mock 来模拟，完成商品名称和价格的处理。部分实现代码如下（有注释）。

```
public void testShoppingCart()
{
    //设定 Mock 对象的预期返回
    //模拟实现 stroe,通过 getPrice 设定的商品名称返回固定的商品价格
    EasyMock.expect(storeMock.getPrice("小强手机 1s")).andReturn(5.99);

    //EasyMock 准备模拟对象
    EasyMock.replay(storeMock);

    //把商品和数量传到对象里,并加入购物车中
    Item item1 = new Item("小强手机 1s", 1);
    cart.addItem(item1);

    //计算总价
```

```
        double total = cart.calcTotalPrice();
}
```

Mock 的模拟实现需要有一定的代码能力,并且可以阅读英文文档,更多用法请看官网:http://easymock.org。

2.5　使用 LoadRunner 完成接口级脚本开发

接口是个什么概念这里不作讲解了,那为什么要进行接口测试呢? 好像很多朋友都没有想过这个问题,我遇到的更多的是在问接口测试如何做,而被我反问做接口测试意义的时候居然只有少数人回答出来,我也是醉了。接口测试最重要的一个意义就是:可以使得测试提前切入,在界面没有开发完成之前就可以开始测试,提早发现问题。

那么接下来我们只要知道接口的相关信息就可以开始测试了,至少需要知道接口名称、接口请求类型、数据传递格式、前置条件、请求参数、返回参数、错误代码解释等信息,也就是我们俗称的接口测试文档。

小 强 课 堂

按照正常的规范来说应该是有接口文档才对,但很多时候就是没有,你又能怎么办,如果开发补给你还好,如果不搭理你呢? 那我们只能靠自己了,利用一些抓包工具来进行请求的抓取和分析也可以顺利解决这些问题。

此处我们以一个 HTTP 接口为例来和大家讲解如何进行测试。接口信息如下。

- 接口地址:http://v.juhe.cn/laohuangli/d。
- 接口描述:提供老黄历查询,可看到指定日期的黄历和每日吉凶宜忌等信息。
- 支持格式:json/xml。
- 请求方式:HTTP GET/POST(本接口既支持 GET 请求,也支持 POST 请求)。
- 请求示例:http://v.juhe.cn/laohuangli/d? date=2014-09-11&key=

您的 KEY。

- 请求参数：

key，string 类型，必填；

date，string 类型，必填，日期格式为 2014-09-09。

- 返回参数：

error_code，int 类型，返回码；

reason，string 类型，返回说明；

yangli，date 类型，阳历；

yinli，string 类型，阴历；

wuxing，string 类型，五行；

chongsha，string 类型，冲煞；

baiji，string 类型，彭祖百忌；

jishen，string 类型，吉神宜趋；

yi，string 类型，宜；

xiongshen，string 类型，凶神宜忌；

ji，string 类型，忌。

- 返回示例：

```
{
    "reason": "successed",
    "result": {
        "id": "1657",
        "yangli": "2014 - 09 - 11",
        "yinli": "甲午(马)年八月十八",
        "wuxing": "井泉水 建执位",
        "chongsha": "冲兔(己卯)煞东",
        "baiji": "乙不栽植千株不长 酉不宴客醉坐颠狂",
        "jishen": "官日 六仪 益後 月德合 除神 玉堂 鸣犬",
        "yi": "祭祀 出行 扫舍 馀事勿取",
        "xiongshen": "月建 小时 土府 月刑 厌对 招摇 五离",
        "ji": "诸事不宜"
    },
    "error_code": 0
}
```

2.5.1　单接口的测试方法

我们先来看如何完成单个接口的性能测试，所谓单接口大家可简单理解为没有依赖关系、可单独运行的接口。基础的知识和操作这里不再讲述，实现的大致步骤如下。

1) 新建一个 HTTP 协议的脚本。

2) 写代码完成 GET 请求（不录制），脚本代码如下。

```
Action()
{
    //传递了 date 和 key 两个参数
    web_url("web_url",
        "URL = http://v.juhe.cn/laohuangli/d?date = 2016 - 06 - 16&key = 私人
KEY,就不写出来了",
        "TargetFrame = ",
        "Resource = 0",
        "Referer = ",
        LAST);
    return 0;
}
```

3) 验证接口以及脚本的正确性。通过回访查看 server 返回的信息可以判断是否正确。本接口执行之后，在返回的响应中可以看到有"reason"："successed"和"error_code"：0，其他相关信息也正常显示，说明接口没有问题。

小 强 课 堂

有时候我们可能会发现返回的响应中有的中文是乱码，这个是由于编码不一致导致的，一般对我们的影响不大，不用理会便是。

---

4) 增强脚本。主要是根据实际情况做一些参数化、检查点、关联等操作。增强后的脚本代码如下。

```
Action()
{
    //通过检查点来判断,当然你也可以通过关联来判断,方法很多
    web_reg_find("Text = \"error_code\":0",
        LAST);

    //GET 请求,其中对 date 进行了参数化
    web_url("web_url",
```

```
        "URL = http://v.juhe.cn/laohuangli/d?date = {date}&key = 私人 KEY,就
不写出来了",
        "TargetFrame = ",
        "Resource = 0",
        "Referer = ",
        LAST);

    return 0;
}
```

之后你就可以进行后续的性能测试了。这里必须要强调一点,我们是在做性能测试并不是功能测试,目的不一样实现的手段就不一样,一定要知道自己是在干什么,不然你做着做着自己都会晕。

2.5.2 接口依赖的测试方法

有时候我们在实际应用中也会碰到接口之间的依赖,也就是接口 2 要用到接口 1 中的返回数据,这个时候怎么解决呢? 其实很简单,在 LoadRunner 里用关联就可以解决这个问题。

下面我们仍然以老黄历的接口为例,大致思路为:编写两个老黄历的接口请求,第一个老黄历接口用 GET 方式请求,第二个老黄历接口用 POST 方式请求,把第一个老黄历接口请求的返回数据中的 yangli 字段作为第二个老黄历接口的 date 入参。大致实现步骤如下。

1) 写代码完成 GET 请求,脚本代码如下。

```
Action()
{
    web_url("web_url",
        "URL = http://v.juhe.cn/laohuangli/d?date = 2016 - 06 - 16&key = 私人
KEY,就不写出来了",
        "TargetFrame = ",
        "Resource = 0",
        "Referer = ",
        LAST);
    return 0;
}
```

2) 通过关联获取响应中的 yangli 字段,脚本代码如下(有详细的注释)。

//利用关联获取响应数据中的 yangli 字段,并保存到变量 yangli_response 中

```
//此处用到了关联的增强版函数,具体用法大家可自行查阅 LoadRunner 函数帮助
//手册
web_reg_save_param_ex(
    "ParamName = yangli_response",
    "LB = \"yangli\":\"",
    "RB = \"",
    SEARCH_FILTERS,
    LAST);

//GET 请求,对 date 进行了参数化
web_url("web_url",
    "URL = http://v.juhe.cn/laohuangli/d?date = {date}&key = 私人 KEY,就不写
出来了",
    "TargetFrame = ",
    "Resource = 0",
    "Referer = ",
    LAST);
```

3）写代码完成 POST 请求,用的接口还是这个,只是换了一个请求方式而已,脚本代码如下。

```
web_submit_data("web_submit_data",
    "Action = http://v.juhe.cn/laohuangli/d",
    "Method = POST",
    "EncodeAtSign = YES",
    "TargetFrame = ",
    "Referer = ",
    ITEMDATA,
    "Name = date", "Value = 2016 - 06 - 16", ENDITEM,
    "Name = key", "Value = 私人 KEY,就不写出来了", ENDITEM,
    LAST);
```

4）把第一个请求中关联得到的 yangli_response 值替换到第二个请求中的入参 date 处,这样就完成了接口之间数据的传递,最终效果见如下脚本代码。

```
Action()
{
//利用关联获取响应数据中的 yangli 字段,并保存到变量 yangli_response 中
//此处用到了关联的增强版函数,具体用法大家可自行查阅 LoadRunner 函数帮助
//手册
    web_reg_save_param_ex(
        "ParamName = yangli_response",
```

```
    "LB = \"yangli\":\"",
    "RB = \"",
    SEARCH_FILTERS,
    LAST);

    //第一个 GET 请求,对 date 进行了参数化
    web_url("web_url",
    "URL = http://v.juhe.cn/laohuangli/d?date = {date}&key = 私人 KEY,就不写
出来了",
    "TargetFrame = ",
    "Resource = 0",
    "Referer = ",
    LAST);

    //第二个 POST 请求,并把 yangli_response 变量替换到 date 处
    web_submit_data("web_submit_data",
    "Action = http://v.juhe.cn/laohuangli/d",
    "Method = POST",
    "EncodeAtSign = YES",
    "TargetFrame = ",
    "Referer = ",
    ITEMDATA,
    "Name = date", "Value = {yangli_response}", ENDITEM, //这里就是被替换的
    "Name = key", "Value = 私人 KEY,就不写出来了", ENDITEM,
    LAST);

    return 0;
}
```

到这里就基本完成了,后续可以根据实际情况做相应的优化和调整。回过头看整个实现过程,其实代码量并不多,只要把逻辑整理清楚,分情况来尝试总是可以实现的,也希望能为大家在日后编写代码带来一些启发。

2.6　使用 LoadRunner 完成移动 APP 的脚本开发

原计划是没有这节的,因为 LoadRunner 对 APP 的录制功能支持不是太好,虽然 LoadRunner12 有了较好的支持,但操作起来也较为麻烦,其实对于 APP 后端的性能测试做接口级会更好一点。但是,被很多小白朋友问到这个问题,就在这里统一讲解吧。

需要提前做的准备工作如下。

- 安装好 LoadRunner11,并安装好补丁,这样才能支持针对 APP 的录制;
- 电脑上安装好 Winpcap 软件,用来捕获请求;
- 电脑上安装好一款热点 WiFi 软件,经测试 160WiFi 和 360WiFi 可以正常使用;
- 手机上安装好百度贴吧 APP,并提前注册一个账号,之后清空所有缓存数据。

完成上述准备工作之后,我们来看看录制登录贴吧 APP 这个业务的大致实现步骤。

1)启动 LoadRunner,会发现协议里多了一项:Mobile App(HTTP/HTML),选择此协议并新建脚本。

2)让你的手机成功连接上面的 WiFi 热点(如何连接就不说了,不会的请自行查询)。

3)完成上面步骤后,单击"录制"按钮,选择图 2.4 中的第一个选项,然后单击"下一步"按钮。

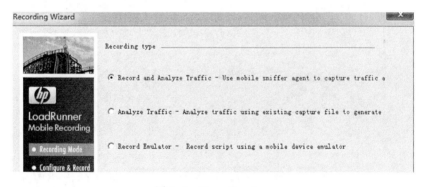

图 2.4 Recording type

4)在 Configure & Record 中单击 Connect 按钮,成功连接后出现如图 2.5 所示的内容。在其中的 Record network 处选择刚才安装并启动的热点 WiFi 网卡。

5)单击图 2.4 中的 Start Recording 按钮开始抓包,如图 2.6 所示。

6)然后你在手机上操作登录贴吧 APP 的业务,操作完成后单击 Stop Recording 按钮,会提示你保存一个后缀为 pcap 的文件,之后单击"下一步"按钮。

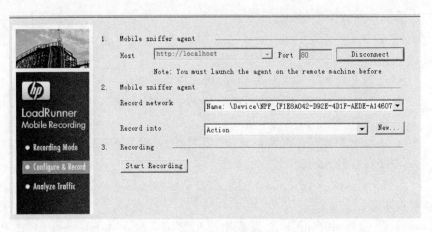

图 2.5　连接成功

图 2.6　Recording

7）导入刚才保存的后缀为 pcap 的文件，过滤手机连接的热点 WiFi IP，如图 2.7 所示。最后单击"完成"按钮即可看到生成的代码。

经过上面的操作大家可以发现，还是比较烦琐的，而且效果个人感觉一般，所以不建议大家使用。工具有时候确实是个好东西，但我们不能太过于依赖，尤其是录制功能。对移动端 APP 的测试我个人还是建议做接口级的测试会比较好，编写脚本的方法和普通的接口测试并无差别，可能需要注意的就是有些请求添加一些特殊的请求头，利用 web_add_header 函数即可完成，类似这样：web_add_header("PLATFORM","ios")。

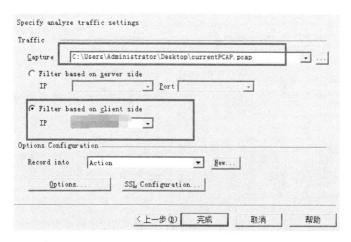

图2.7　分析文件

2.7　使用 LoadRunner 完成 MMS 视频流媒体测试

貌似很少有资料讲解使用 LoadRunner 完成一些视频流媒体的测试,这节内容将简单介绍。其实,LoadRunner 对流媒体的协议支持不是很好,默认只支持 MMS 和 Real,此处以 MMS 流媒体协议为例进行讲解。

先来了解下流媒体的定义:流媒体是利用一种特殊的方式将视频或者音频等多媒体文件经过特殊的压缩方式打成一个个压缩包,由 Server 端向用户端连续、实时传送。也是因为这样的方式,用户不需要等待视频或者音频传送完成才播放,而是可以边播放边进行下载。

目前常见的流媒体协议大致有 RTP、RTCP、RTSP、MMS、HLS 等。流媒体技术中的三大流派则被微软、RealNetworks 以及苹果公司掌握。本节介绍的 MMS 流媒体协议就是微软的。

MMS 中文翻译为"微软媒体服务器协议",用来访问并流式接收 Windows Media 服务器中.asf 文件的一种协议,可用于访问 Windows Media 发布点上的单播内容。

为了方便讲解,我已经在一台电脑的 Windows Server 2003 中建立了一个流媒体 Windows Media 服务,且可以正常运行。至于如何搭建 MMS 流媒体服务大家可以自行查找资料,搭建非常简单,基本都是界面操作。

在 MMS 流媒体中是无法通过录制获取脚本的,只能通过手写代码来完成,其实并不复杂,大家只要多看一下 LoadRunner 自带的帮助文档即可完成。大致实现步骤如下。

1) 新建一个 Web 和 MMS 混合协议的脚本。

2) 在脚本中编写如下的代码(更多的函数用法请查看 LoadRunner 自带的函数手册)。

```
Action()
{
    //忽略 Host 检查
    mms_disable_host_check();
    lr_start_transaction("play");
    //开始 MMS 的播放连接.其中对播放的视频进行了参数化
    mms_play("Welcome", "URL = mms://192.168.128.136/{wmv}",
        LAST);
    lr_end_transaction("play", LR_AUTO);
    return 0;
}
```

3) 运行脚本,结果如图 2.8 所示。

```
Running Vuser...
Starting iteration 1.
Starting action Action.
Action.c(5): Debug message:Before IID_IWMReaderNetworkConfig
Action.c(5): Debug message:Before SetEnableMulticast
Action.c(5): Debug message:After SetEnableMulticast
Action.c(5): Debug message:after GetEnableMulticast, enabled = 1
Action.c(5): MMS Replay : Play "mms://192.168.128.136/encoder_ad.wmv"
Action.c(5): Notify: Transaction "Welcome" started.
Action.c(5): Notify: Transaction "Welcome_conn" started.
Action.c(5): Notify: Transaction "Welcome_conn" ended with "Pass" status (Duration: 2.6438).
Action.c(5): Debug message:List of Media attributes...
    Attribute        Duration :  100070000
    Attribute        Bitrate :   309998
    Attribute        Seekable :  true
    Attribute        Stridable : true
```

图 2.8 脚本运行结果

4) 完成上述步骤之后即可按照正常的流程来创建场景并运行,在运行过程中可以观察流媒体服务器的资源,如图 2.9 所示,可以看到连接数和带宽都在变化。

5) 最终运行完成后生成的测试报告如图 2.10 所示。

对于在线视频的测试不一定非得用 LoadRunner 完成,毕竟这个不是它的强项,可以选取一些专业的视频测试工具进行。因为自己在这方面的经验有限,为避免误导大家所以不能给太多的建议。如果有这方面测试经验

○● 客户端
当前限制设置：　　　　　　　　　　　　　　　　　　　　无限制
限制百分比：　　　　　　　　　　　　　　　　　　　　　无限制
峰值(自上次计数器复位后)：　　　　　　　　　　　　　2 个播放机
已连接的单播客户端数：　　　　　　　　　　　　　　　2 个播放机

带宽
当前限制设置：　　　　　　　　　　　　　　　　　　　无限制
限制百分比：　　　　　　　　　　　　　　　　　　　　无限制
峰值(自上次计数器复位后)：　　　　　　　　　　　　　5071 Kbps
当前分配的带宽　　　　　　　　　　　　　　　　　　　1572 Kbps

图 2.9　流媒体服务器资源

Analysis Summary

Period: 2016/7/3 0:57 - 2016/7/3 1:00

Scenario Name: Scenario1
Results in Session: E:\lr scripts\mms\res\res.lrr
Duration: 2 minutes and 50 seconds.

Statistics Summary

Maximum Running Vusers:　　　　　　10

You can define SLA data using the SLA configuration wizard
You can analyze transaction behavior using the Analyze Transaction mechanism

Transaction Summary

Transactions: Total Passed: 605 Total Failed: 0 Total Stopped: 0　　　**Average Response Time**

Transaction Name	SLA Status	Minimum	Average	Maximum	Std. Deviation	90 Percent	Pass	Fail	Stop
Action_Transaction	⊘	10.288	10.344	10.598	0.05	10.397	117	0	0
vuser_end_Transaction	⊘	0	0	0	0	0	10	0	0
vuser_init_Transaction	⊘	0	0	0	0	0	10	0	0
Welcome	⊘	10.258	10.296	10.492	0.037	10.324	117	0	0
Welcome_conn	⊘	0.005	0.01	0.062	0.008	0.011	117	0	0
Welcome_first	⊘	0.499	0.506	1	0.046	0.504	117	0	0
Welcome_read	⊘	10.252	10.284	10.483	0.033	10.313	117	0	0

图 2.10　最终生成的测试报告

的朋友欢迎与我交流学习。

2.8　场景设计精要

当你的脚本开发完成之后就要进入场景中进行压测了。那么对于场景
该如何设计呢？在我的博客以及视频中都多次讲解过，此处不再展开讲解，
仅总结性地归类如下，一般常见的有两种方式。

1）单场景：就是对某个业务或者某个接口进行单点的测试，主要是为了发现单点存在的性能问题，类似于"水桶原理"，提升最短的那个板就可以提升整桶的装水能力。

2）混合场景：因为有时候会存在业务或者接口的依赖，比如，购买商品必须是登录之后才能进行，所以就产生了多业务的混合场景。

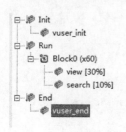

图 2.11　Block 设置

稍微有点基础的朋友应该都会知道这两种方式，但有时候我们会遇到另一种情况，比如，有 60% 的人在登录，30% 的人在浏览，10% 的人在搜索，那这种存在业务比例的情况该怎么解决呢？一般有两种解决方法。

1）利用 LoadRunner 中的 Run Logic 下面的 Block 概念，如图 2.11 所示。通过设定 Random 属性来控制百分比。

2）在 LoadRunner 脚本中写代码控制。此方法更为灵活，也是推荐大家使用的。只需要懂一点 C 语言基础就可以写出来，类似如下的代码。

```
//控制分配比例
if(rand() % 100 < 80)
{
    //立即购买,里面通过 isPay 参数来控制下单后是否进行支付
    toBuy(isPay);
}
```

至于在 LoadRunner 中如何设置 Controller 中的场景就不在文本范围内了，感兴趣的话可以看我的博客或附录中的学习资料摘要。本书也是希望不要成为单纯的工具使用说明书，而是希望依托于工具给大家带来一些新的认识和思想上的进步。

2.9　去"并发数"

这节内容本不打算写的，但我发现很多朋友都纠结于并发数的设置，小白朋友不懂可以理解，但如果是有多年经验的测试工程师也不明白并发数到底代表什么意义还在一味强调并发数，那我就不得不说说了，所以在这里提出来去"并发数"的理念。

在解释这个理念之前,我先回答下大家一直在问的如何计算并发数的问题。一般常见的计算方法有如下几种。

1)8020原则。一般在只知道系统注册用户数或者在线用户数的时候可选择。

2)根据PV量计算并发数。大致计算方式为:

$$\frac{\dfrac{PV}{PV\_TIME}\times 页面连接次数 \times HTTP响应时间 \times 因数}{Web 服务器数量}$$

3)峰值PV/s。

4)$C' \approx \dfrac{nL}{T} + 3\sqrt{C}$。其中n是平均每天访问的用户数,L是一天内用户从登录到退出的平均时间,T指考察的时间段长度(一天内多长时间有用户使用系统)。

5)多次采样建立自己的并发数模型,这里涉及比较复杂的数学模型计算。

接下来我们回到本节正题,我在网上看到这样一个例子,我觉得比较有说服力,我们一起来看看:

- 如果1个用户在1秒内完成1笔事物,那么TPS就是1;
- 如果某笔业务响应时间是1毫秒,1个用户在1秒内完成1000笔事物,那么TPS就是1000;
- 如果某笔业务响应时间是1秒,1个用户在1秒内完成1笔事物,要想达到1000TPS,那么至少需要1000个用户。

所以,1个用户可以产生1000TPS,1000个用户也可以产生1000TPS,那么单纯用并发数来衡量就没有太多的意义了,主要还是在于响应时间的快慢。明白了这个,你还觉得还要在并发数上一直纠结下去吗?

2.10 使用 LoadRunner 完成接口级功能 自动化测试

LoadRunner可以完成性能测试是地球人都知道的事情,其实它也可以完成接口级功能测试,所以永远都不要小看工具,也不要去轻易鄙视用某种工具的人,只要能给我们的工作带来实际的影响它就是有价值的,何必在意用的是什么呢。

完成该框架的大致思路是：从参数化文件中读取测试数据和预期结果，然后发送请求，之后得到返回的响应数据并与预期结果做对比，最后将结果写入 HTML 报告中。有了这个思路后就可以开始代码的编写了，这里仍然使用前面用到的老黄历接口，大致的步骤如下。

1）在 init 中初始化一些数据。比如，文件、报告的头部设置等，具体实现代码如下。

```
long file;
char t_result[1024];

vuser_init()
{
    //获取系统时间
    lr_save_datetime("%Y%m%d%H%M%S", DATE_NOW, "now_date");

    //拼接测试结果为 HTML 文件
    strcpy(t_result,"d://");
    strcat(t_result,lr_eval_string("{now_date}"));
    strcat(t_result,".html");

    //生成并打开测试结果文件
    file = fopen(t_result,"at+");

    //写入测试文件头部 HTML 信息
    strcpy(t_result,"<html><table border = '1'><tr><td>接口描述</td>
<td>预期结果</td><td>实际结果</td><td>是否通过</td></tr>");
    fputs(t_result,file);

    return 0;
}
```

2）在 action 中完成请求的发送和结果的判断，并写入测试报告，具体实现代码如下。

```
Action()
{
    char is_pass[1024];
    int result;

    //预设可关联的数据的最大长度
```

```
web_set_max_html_param_len("20000");

//关联响应的返回,此处是获取响应中的 error_code 值
web_reg_save_param("error_code",
"LB = \"error_code\":",
"RB = }",
"Search = Body",
LAST);

//发送请求,date 参数化
web_submit_data("login",
"Action = http://v.juhe.cn/laohuangli/d",
"Method = POST",
"RecContentType = text/html",
"Referer = ",
"Snapshot = t9.inf",
"Mode = HTTP",
ITEMDATA,
"Name = key", "Value = 私人 KEY,就不写出来了", ENDITEM,
"Name = date", "Value = {date}", ENDITEM,
LAST);

//比较预期结果和实际结果
result = strcmp(lr_eval_string("{预期结果}"),lr_eval_string("{error_
code}"));
    if (result == 0)
    {
        strcpy(is_pass,"通过");
    }
    else
    {
        strcpy(is_pass,"失败");
    }

//写入接口描述字段
strcpy(t_result,"< tr >< td >");
strcat(t_result,"老黄历接口");
strcat(t_result,"</td>");

//写入预期结果字段
strcat(t_result,"< td id = 'yq'>");
strcat(t_result,lr_eval_string("{预期结果}"));
strcat(t_result,"</td>");
```

```
//写入实际结果字段
strcat(t_result,"< td id = 'sj'>");
strcat(t_result,lr_eval_string("{error_code}"));
strcat(t_result,"</td>");

//写入是否通过字段
strcat(t_result,"< td >");
strcat(t_result, is_pass);
strcat(t_result,"</td></tr>");
fputs(t_result,file);

return 0;
}
```

3）在 end 中完成最后的清理工作，具体实现代码如下。

```
vuser_end()
{
    //闭合表格
    strcpy(t_result,"</table></html>");
    fputs(t_result,file);

    //关闭文件
    fclose(file);

    return 0;
}
```

4）最终执行后的测试报告如图 2.12 所示。

接口描述	预期结果	实际结果	是否通过
接口名称	0	0	通过

接口描述	预期结果	实际结果	是否通过
老黄历接口	0	10001	失败

图 2.12   测试报告

到这里就差不多写完了，其实代码中仍有较大的改进空间，感兴趣的朋友可以自行研究。虽然 LoadRunner 可以完成接口功能测试，但这个并不是它的强项，面对较为复杂的接口的时候建议大家选择更好的方式去完成，不过我们也至少明白了一点，很多事情换个角度去看也许会有更多的发现。

2.11　本章小结

本章从 LoadRunner 在业务级、接口级以及功能测试上的应用进行了系统化讲解,并把大家经常出现的疑问也穿插进行了回答,比如,关于并发数的问题等。同时,也对如何对 H5 网站、APP 进行后端性能测试做了解答。希望能对大家有所帮助。

业界不少朋友对工具有偏见,认为仅会工具很低级,但我希望大家能够客观地看待这个问题。就我自己而言,我赞同只会使用 LoadRunner 不算会性能测试,但我不赞同以其他目的来诋毁工具的重要性,更何况你让一个什么经验都没有的小白朋友一开始就去学习非常复杂的知识基本都会失败。**学习就是一个循序渐进的过程,谁都逃不掉从 0 到 1 的蜕变,一个优秀的老师不是自己有多么牛,而是能把握学生的思维站在他们的角度来传授知识,带领他们进行蜕变。**

所以,LoadRunner 工具的使用仍然是我建议大部分小白朋友必学的,而且从它的应用上来说有很多值得我们学习、思考的东西,透过工具本身看到工具背后的思想才是最精华的,而这个又能有多少人明白?

第3章

Jmeter脚本开发实战精要

　　LoadRunner 学习完之后我们趁热打铁来学习另一款热门的测试工具 Jmeter，虽然它没有 LoadRunner 那么好理解、易使用，但仍有让人爱不释手的优点，比如，开源和插件丰富、扩展性强、做接口功能自动化也非常好用等，本章就将带领大家进行全面的学习。需要提醒的是不会涉及基础的知识和操作，大家可自行到我的博客或附录中的参考资料中查看。

3.1　Jmeter 介绍

　　Jmeter 是一款开源的测试工具，既可以做性能测试，也可以做功能测试，在很多朋友的认知里 Jmeter 和 LoadRunner 都是做性能测试的工具，但其实 Jmeter 做接口功能自动化测试也非常好用，而且现在很多企业也都在这么用。

　　Jmeter 的优点很多，比如，扩展性非常好，有丰富的插件。因为是开源的，所以源代码也可以看到，如果有特殊需求你可以自己去二次开发 Jmeter。有优点必然会伴随着缺点，易用性不高、参考资料多数为英文，尤其对于小白朋友来说，里面的概念太复杂，操作也有点别扭，入门并不轻松，这也是为什么我一般建议小白朋友们先去学习 LoadRunner 再来学 Jmeter 的原因之一。

更多的介绍就不多说了,大家可自行查看官网 https://jmeter.apache.org/。我们这里使用的是 Jmeter 3.0 最新版。

3.2　使用 Jmeter 完成业务级脚本开发

这里继续以 2.2 节中的项目为例进行讲解。因为之前我们已经了解了项目背景、需求等信息,所以此处不再讲述,直接进行脚本的开发。

1. 登录脚本

本脚本的逻辑较为简单,大致思路是:在线程组下新建两个 HTTP 请求,其中一个是完成访问登录页,另一个是完成登录的数据提交,其中对用户名进行参数化。大致实现步骤如下。

1) 访问登录页的 HTTP 请求如图 3.1 所示。

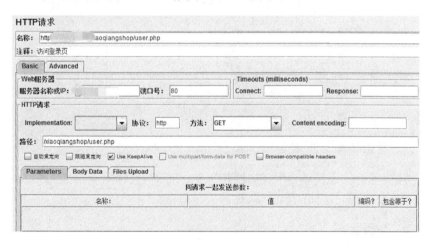

图 3.1　访问登录页

2) 提交登录数据的 HTTP 请求,如图 3.2 所示,其中对 username 进行了参数化。

3) 用户名参数化,如图 3.3 所示。除此之外,还可以根据实际情况来适当添加检查点等操作。

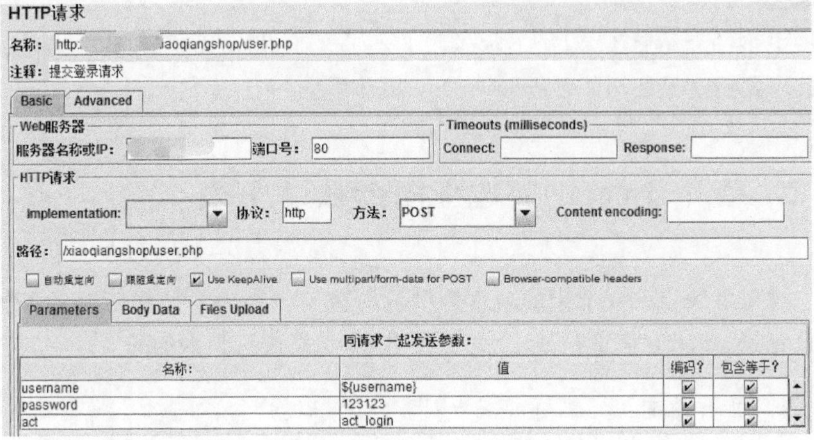

HTTP请求

名称: http.　　　　　iaoqiangshop/user.php

注释: 提交登录请求

| Basic | Advanced |

Web服务器 | Timeouts (milliseconds)
服务器名称或IP: 　　　　　端口号: 80 | Connect: 　　　　Response:

HTTP请求

Implementation: ▼ 协议: http 方法: POST ▼ Content encoding:

路径: /xiaoqiangshop/user.php

□ 自动重定向 □ 跟随重定向 ☑ Use KeepAlive □ Use multipart/form-data for POST □ Browser-compatible headers

| Parameters | Body Data | Files Upload |

同请求一起发送参数:

名称:	值	编码?	包含等于?
username	${username}	☑	☑
password	123123	☑	☑
act	act_login	☑	☑

图 3.2　提交登录请求

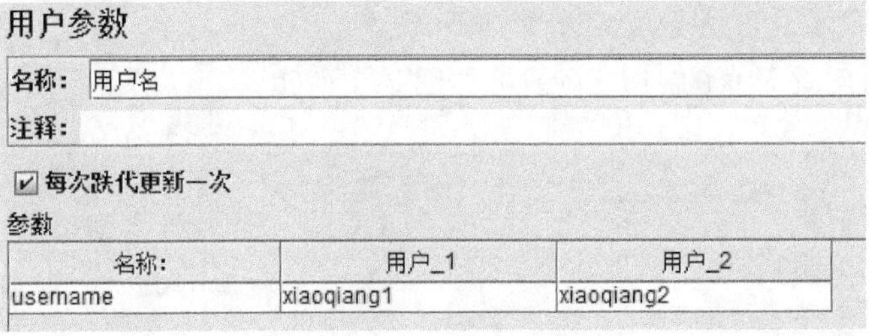

用户参数

名称: 用户名

注释:

☑ 每次迭代更新一次

参数

名称:	用户_1	用户_2
username	xiaoqiang1	xiaoqiang2

图 3.3　参数化

2. 浏览单品页脚本

此脚本也较为简单,用一个 HTTP 请求即可,其中对商品 ID 进行参数化,从而模拟访问不同的单品页,如图 3.4 所示。

3. 搜索脚本

本脚本也是利用一个 HTTP 请求完成,但有一点需要注意就是必须勾选"自动重定向"。因为搜索业务存在一个跳转,而勾选"自动重定向"后如果请求的 HTTP 得到的响应是 301 或者 302 时,Jmeter 会自动重定向到新的页面,如图 3.5 所示。

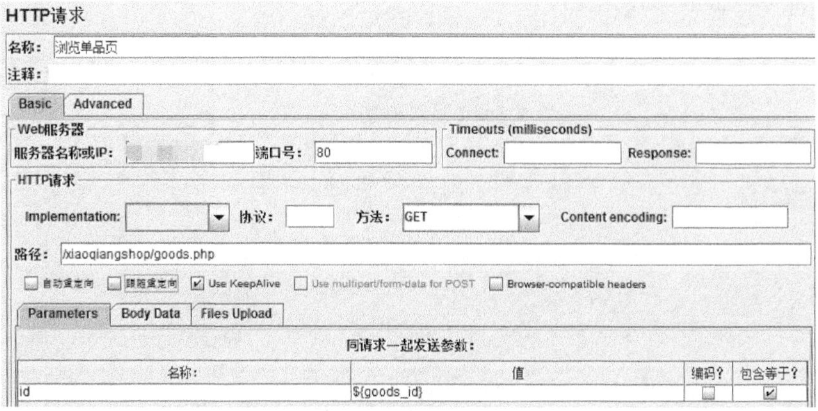

图 3.4　浏览单品页

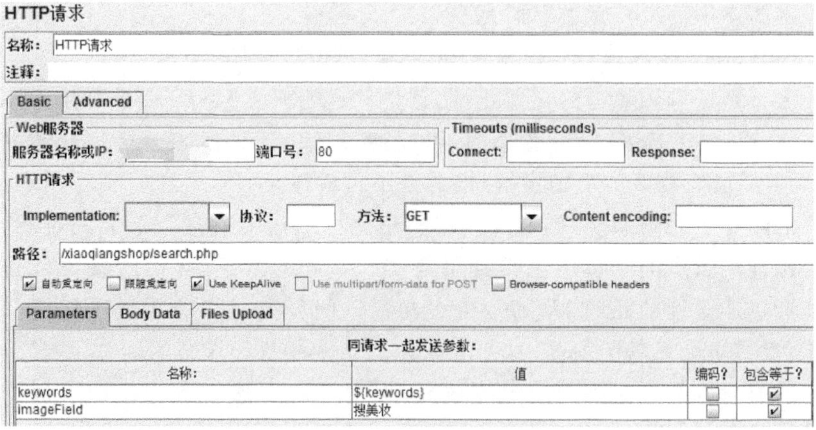

图 3.5　搜索脚本

4. 下单支付脚本

本脚本也是使用 HTTP 请求来模拟完成对每个业务的操作。很多小白朋友在初次使用的时候过度依赖于录制,即利用 Badboy 进行脚本录制,之后导入 Jmeter 中。这种方式带来的好处显而易见,但缺点也很明显,你没办法清楚地知道每个请求对应的业务是什么。在本项目中如采用录制的方式会丢失部分请求数据,造成脚本无法运行。所以个人建议还是手工编写请求较为妥善。因为脚本过长,这里我们只举例讲解具有代表性的步骤。比如,加入购物车,如图 3.6 所示。

图 3.6　加入购物车脚本

本脚本中需要注意的有两点。

- 路径字段的填写一定要正确,明确使用的是哪个方法。
- goods 参数填写一定要正确,这里传递的就是 JSON 串。如果你不知道这个 JSON 串怎么来的,可以通过抓包等手段来分析。具体的含义已经在 2.2 节中讲解过,此处不再讲述。

对于不少朋友来说,类似加入购物车这样的请求就是个天大的难题,在小强性能测试班的学员中也得到了证实。基础的匮乏、常识的缺失都是导致我们进步缓慢的元凶,尤其是初次看到一些"不正常"的数据时往往会不淡定,没有主动思考的习惯,这是大家需要特别注意和提升的地方。

所有脚本的大致框架编写完成后,对部分脚本做一些优化即可进行测试了。这里特别指出,如果你利用 Jmeter 来完成较大并发量的性能测试,建议使用分布式,这样得出的数据较单点式更加准确。

小 强 课 堂

对于业务级的脚本我们还是建议更加真实地模拟用户的请求操作,所以像 LoadRunner 一样,也需要加入一定的思考时间,在 Jmeter 中可以使用固定定时器或者高斯随机定时器来实现。

除此之外,如果想在 Jmeter 中达到业务比例的分配,一般有三种实现方式。

- 建立多个线程组，分别设置运行策略。
- 使用逻辑控制器下的吞吐量控制器，可设定固定次数或百分比模式。
- 使用逻辑控制器下的 If 控制器，类似 2.7 节中 LoadRunner 的控制分配比例代码。

通过本节讲解，更加确定了熟悉业务以及业务对应的请求是多么重要。也再次说明了一件事情：不论你是做性能测试还是自动化测试，永远脱离不了业务，不要觉得做手工测试就枯燥，这正是你学习业务、深入理解业务请求的绝佳时机，永远不要小看你看不起的工作，你看不起只能说明你没看透。

3.3 使用 Jmeter 完成接口级脚本开发

此处我们继续使用在 2.3 节中用到的老黄历接口，接口的具体信息不再讲述，我们仍然从单接口和接口依赖两个方面进行讲解。

3.3.1 单接口的测试方法

我们先来看如何完成单个接口的性能测试，大致实现步骤如下。

1）启动 Jmeter。

2）新建线程组。

3）在线程组下新建一个 HTTP 请求。

4）在 HTTP 请求中填入接口信息，包括地址、参数、请求方法（GET）等，如图 3.7 所示。

5）新建一个查看结果树监听器。

6）运行脚本验证结果，如图 3.8 所示，结果正确。

7）优化脚本。如果有需要，可以对参数进行参数化等操作，在最终压测的时候建议把"察看结果树"关闭（一般只是在调试脚本的时候使用），只保留必要的监听器即可，之后就按照压测策略进行即可，和普通的性能测试并无区别。

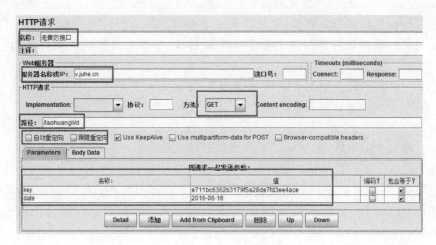

图 3.7 HTTP 请求

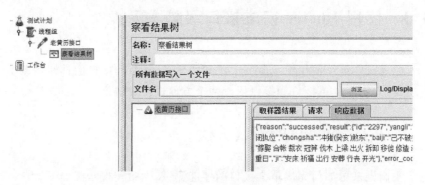

图 3.8 运行结果

3.3.2 接口依赖的测试方法

接口的依赖是什么概念已经在 2.3 节中讲解过，此处不再讲述。为了模拟这样的接口依赖，我们大致的思路是建立两个老黄历接口（分别为 1 和 2），把老黄历 1 接口响应中的 yangli 字段传递到老黄历 2 接口中的入参 date 里，大致实现步骤如下。

1）保持 3.3.1 节中的脚本不动，并改名为老黄历 1。

2）新建一个 HTTP 请求，命名为老黄历 2，并填入正确的接口信息，如图 3.9 所示。其中对"同请求一起发送参数"处的 date 变量进行预留，这里我们就要填写老黄历 1 接口中返回的响应数据 yangli 字段的值。

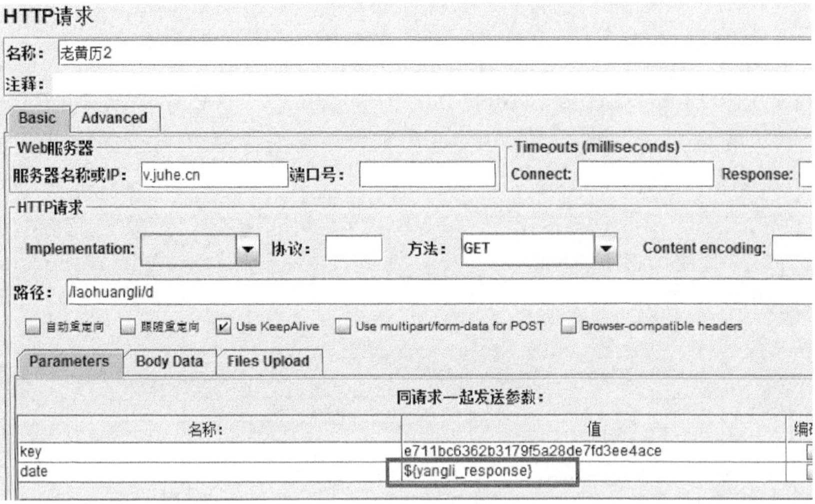

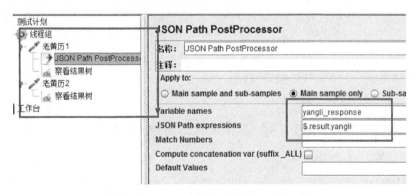

图 3.9　老黄历 2 接口

3) 提取老黄历 1 接口中的响应数据 yangli 字段的值。在老黄历 1 接口下面建立 JSON Path PostProcessor 来完成，如图 3.10 所示。其中 JSON Path expressions 是 JSON 的表达式提取器，通过层级关系写到 yangli (也就是 JSON 中的 key)，即可把对应的 value 取出来了；Variable names 则是用于保存取出来的值，这样后续要用这个值的时候在需要的地方填入 ${yangli_response} 即可使用。

图 3.10　JSON Path PostProcessor

小 强 课 堂

获取响应中的 JSON 数据一般有三种方法：正则表达式提取、JSON Path PostProcessor、BeanShell PostProcessor（一个轻量级的面向 Java 的脚本语言），选择哪种都可以，如果其中一种行不通不妨就换另外一种试试，不必一棵树上吊死。

4）在老黄历 2 接口的 date 入参处替换为变量 ${yangli_response} 即可，如图 3.11 所示。

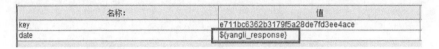

图 3.11　老黄历接口 2 的 date 参数

5）最终我们来看运行结果，如图 3.12 所示。通过"查看结果树"可以看出请求成功，我们也可以小小激动一下了。

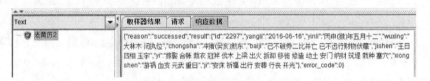

图 3.12　老黄历 2 接口运行结果

到此为止基本上大家平时问得最多的问题都讲解完了，剩下的就是根据实际情况去优化脚本了。我们这里使用的接口返回的是 JSON 格式的数据，这种情况占大多数。如果大家遇到返回的是 XML 格式的数据，使用 XPath Extractor 也可以轻松完成。

3.4　使用 Jmeter 完成 JDBC 脚本开发

Jmeter 中的 JDBC Request 也是常见测试场景之一。它可以帮你轻松完成与数据库的关联，并进行测试。支持的数据库源有 MySQL、Oracle、MSSQL 等。此处我们以 MySQL 数据库为例进行讲解。

3.4.1　单 SQL 语句测试

所谓的单 SQL 语句是指：一次只运行一条 SQL 语句。大致实现步骤如下。

1）复制 mysql-connector-java.jar 包到 Jmeter 安装目录下的 lib 子目录中。这样才能利用 MySQL 驱动来完成。

2）在线程组下新建一个配置元件中的 JDBC Connection Configuration，并填入必要的信息。如图 3.13 所示。其中 Variable Name 的值必须和即将建立的 Sampler 中的 JDBC Request 下的 Variable Name 值一致，否则无法正常运行。

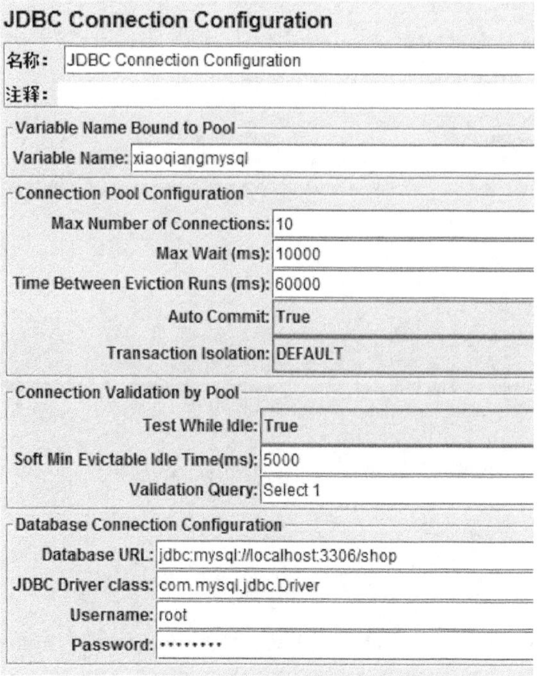

JDBC Connection Configuration

名称：JDBC Connection Configuration
注释：

Variable Name Bound to Pool
Variable Name: xiaoqiangmysql

Connection Pool Configuration
Max Number of Connections: 10
Max Wait (ms): 10000
Time Between Eviction Runs (ms): 60000
Auto Commit: True
Transaction Isolation: DEFAULT

Connection Validation by Pool
Test While Idle: True
Soft Min Evictable Idle Time(ms): 5000
Validation Query: Select 1

Database Connection Configuration
Database URL: jdbc:mysql://localhost:3306/shop
JDBC Driver class: com.mysql.jdbc.Driver
Username: root
Password: ·······

图 3.13　JDBC Connection Configuration

为了大家方便，这里我把常用的数据库驱动名称以及对应的 URL 做了总结，如图 3.14 所示。

3）新建一个 Sampler 中的 JDBC Request，用于完成 JDBC 的请求。如

Datebase	Driver class	Database URL
MySQL	com.mysql.jdbc.Driver	jdbc:mysql://host:port/{dbname}
PostgreSQL	org.postgresql.Driver	jdbc:postgresql:{dbname}
Oracle	oracle.jdbc.driver.OracleDriver	jdbc:oracle:thin:user/pass@//host:port/service
Ingres (2006)	ingres.jdbc.IngresDriver	jdbc:ingres://host:port/db[;attr=value]
MSSQL	com.microsoft.sqlserver.jdbc.SQLServerDriver 或者 net.sourceforge.jtds.jdbc.Driver	jdbc:sqlserver://IP:1433;databaseName=DBname 或者 jdbc:jtds:sqlserver://localhost:1433/"+"library"

图 3.14　Jmeter 数据库驱动名以及对应的 URL

图 3.15 所示，其中 Variable Name 要和上一步的值一致；SQL Query 中填写 SQL 语句，这里我们写的是一个查询的 SQL。

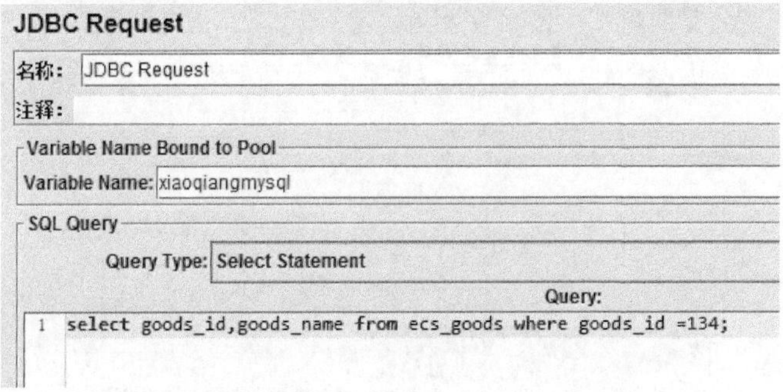

JDBC Request

名称：　JDBC Request
注释：

Variable Name Bound to Pool
Variable Name: xiaoqiangmysql

SQL Query

Query Type: Select Statement

Query:

```
1  select goods_id,goods_name from ecs_goods where goods_id =134;
```

图 3.15　JDBC Request

小 强 课 堂

　　常使用的 Query Type 有 Select Statement 和 Update Statement。其中 Select 语句选择 Select Statement，对于 Insert、Update、Delete 等语句则选择 Update Statement。

　　4）最后建立一个查看结果树监听器即可，运行之后可以看到能正常获取到数据，如图 3.16 所示。

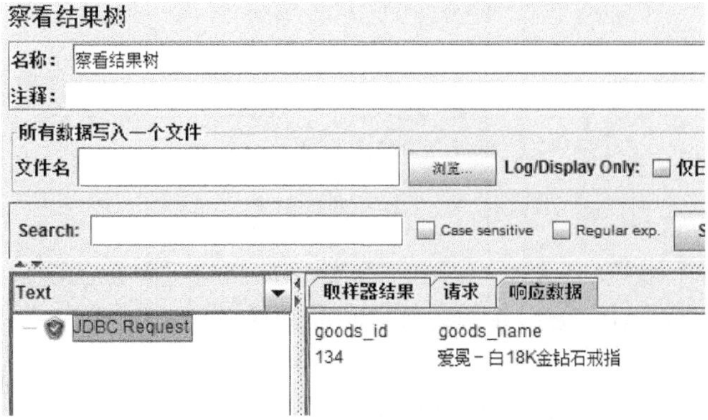

图 3.16 JDBC 查看结果树

到这里我们就完成了一个最基本的 JDBC 请求。

但是我们发现这里的 SQL 语句中的数据是写死的,如果我想让它动起来怎么做呢? 其实也比较简单,大致步骤如下。

1)在测试计划中新建一个用户定义的变量,名为 id,值为 134,如图 3.17 所示。

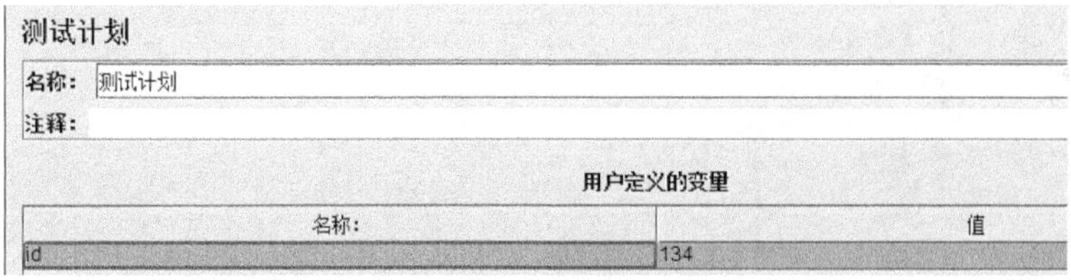

图 3.17 测试计划

2)在 JDBC Request 修改 Query Type 的值以及 SQL 语句,如图 3.18 所示。

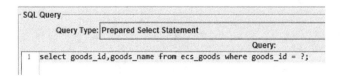

图 3.18 SQL Query

3)填写 Parameter values 的值为 ${id},这样就可以替换占位符"?"的值。

4）填写 Parameter types 的值为 INTEGER，指明值的类型。最终效果如图 3.19 所示。

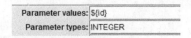

图 3.19　参数设置

这里有个小技巧，大家只需要把鼠标移动到每个字段的上面悬浮片刻，便会出现 Tips 提示，帮助我们理解选项的意思。

3.4.2　多 SQL 语句测试

有时候我们想同时运行多条 SQL 语句，不少朋友直接把多条 SQL 语句写到了 SQL Query 处，这样肯定会报错。

这里我们以运行两条插入 SQL 语句为例，正确的做法如下。

1）在 JDBC Connection Configuration 中的 Databases URL 字段末尾加上"? allowMultiQueries＝true"，如图 3.20 所示。

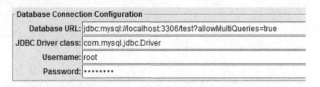

图 3.20　Database Connection Configuration 多 SQL 语句

2）在 JDBC Request 的 Query Type 处选择 Update Statement，并在 Query 里写上两条插入的 SQL 语句，如图 3.21 所示。

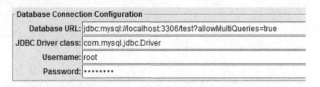

图 3.21　JDBC Request 多 SQL 语句

3) 运行 Jmeter,然后到数据库中查看,可以看到成功地插入了新数据,如图 3.22 所示。

```
mysql> select * from student;
+-----+-----------+------+
| id  | name      | age  |
+-----+-----------+------+
| 93  | xiaoqiang | 201  |
| 92  | xiaoqiang | 181  |
+-----+-----------+------+
```

图 3.22 多 SQL 语句运行结果

3.5 使用 Jmeter 完成 JMS Point-to-Point 脚本开发

所有 Jmeter 的资料基本都是针对 HTTP 请求的,很少会有测试 JMS 消息的资料,本节我就自己的实践来给大家总结下如何完成 JMS Point-to-Point 的脚本开发。

3.5.1 JMS 介绍

在开始脚本开发之前我们有必要先了解下什么是 JMS,我相信很多朋友都不知道。JMS(Java Message Service)即 Java 消息服务应用程序接口,是一个 Java 平台中关于面向消息中间件(MOM)的 API,用于在两个应用程序之间,或分布式系统中发送消息,进行异步通信。Java 消息服务是一个与具体平台无关的 API,绝大多数 MOM 提供商都对 JMS 提供支持。它是 Java 平台上有关面向消息中间件(MOM)的技术规范,它便于消息系统中的 Java 应用程序进行消息交换,并且通过提供标准的产生、发送、接收消息的接口简化企业应用的开发。

通俗一点的解释就是:JMS 是一个标准或者说是一个协议,通常用于企业级应用的消息传递。图 3.23 表示的就是 JMS Point-to-Point 的模型。另外一个模型 Publish/Subscribe 不在本次讨论范围内,感兴趣的朋友可以自行查阅相关资料。

这个模型中有几个关键点需要大家理解。

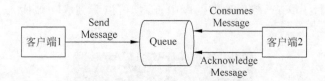

图 3.23   JMS Point-to-Point 模型

- 发送者和接受者。接受者从队列中获取消息,且在成功接收消息之后需向队列应答成功。发送者和接收者之间在时间上没有依赖性,也就是说当发送者发送了消息之后,不管接收者有没有正在运行,都不会影响消息被发送到队列。
- 消息队列。每个消息都被发送到一个特定的队列。队列保留着消息,直到他们被消费或超时。
- 每个消息只有一个消费者,一旦被消费,消息就不在消息队列中了。

3.5.2   ActiveMQ 介绍

了解了 JMS 之后还得了解下 ActiveMQ。它是 Apache 出品,最流行的、能力强劲的开源消息队列服务,是面向消息中间件(MOM)的最终实现,是真正的服务提供者。由于 ActiveMQ 是一个独立的 JMS Provider,所以我们不需要其他任何第三方服务器。

ActiveMQ 是通过什么工作模式来进行的呢?让我们用图 3.24 来说明。

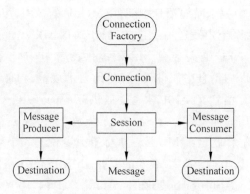

图 3.24   ActiveMQ 工作模式

消息生产者将消息发送至消息服务,消息消费者则从消息服务接收这些消息。这些消息的传送操作是使用一组实现了 ActiveMQ 应用编程接口的对象来执行的。

ActiveMQ 工作模式中的部分解释如下。

- ActiveMQ 客户端使用 ConnectionFactory 对象创建一个连接,向消息服务发送消息以及从消息服务接收消息均是通过此连接来进行。
- Connection 是客户端与消息服务的活动连接。这是一个相当重要的对象,大多数客户端均使用一个连接来进行所有的消息传送。
- Session 是一个用于生成和使用消息的单线程上下文。它用于创建发送的生产者和接收消息的消费者,并为所发送的消息定义发送顺序。
- 客户端使用 MessageProducer 向指定的物理目标发送消息。
- 客户端使用 MessageConsumer 对象从指定的物理目标接收消息。消费者可以支持同步或异步消息接收。异步使用可通过向消费者注册 MessageListener 来实现。

3.5.3 JMS Point-to-Point 脚本开发

在了解了 JMS 和 ActiveMQ 之后,我们进行 JMS Point-to-Point 的脚本开发,为了方便讲解,所以在本地搭建了一个 ActiveMQ 服务,大致实现步骤如下。

1) 安装并启动 ActiveMQ。如果你已经有一个存在的 ActiveMQ 服务则可以忽略这一步。到 ActiveMQ 官网下载 ZIP 包,解压后进入 bin 目录,如图 3.25 所示。如果你的机器是 64 位则进入 win64 目录,否则进入 win32 目录。进入对应的目录后双击 activemq.bat 即可运行。

2) ActiveMQ 启动完成后,在浏览器地址栏中访问:http://127.0.0.1:8161/admin/,默认用户名和密码都是 admin,如果没有问题则可以看到如图 3.26 所示的页面。

3) 进入 ActiveMQ 解压后的文件夹,把 activemq-all-5.13.3.jar 复制到 Jmeter 安装目录下的 lib 子目录中。

4) 在线程组下新建一个 Sampler 下的 JMS Point-to-Point,然后填写必要的 JMS 资源信息,具体的字段解释以及需要填写的信息如下。

图 3.25 ActiveMQ bin 目录

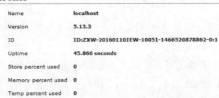

图 3.26 ActiveMQ 页面

- QueueuConnectionFactory：ActiveMQ 连接工厂,此处填写 ConnectionFactory。
- JNDI Name Request Queue：JNDI 请求队列名字,此处填写 Q.REQ。
- JNDI Name Receive Queue：JNDI 接收队列名字,此处填写 Q.REQ。

- Communication Style：通讯形式，此处填写 Request Only。
- Timeout：超时设置，此处填写 2000。
- Content：消息内容，此处填写 this is jms point to point，by xiaoqiang。
- InitialContextFactory：JNDI 的初始会话工厂，此处统一填写 org. apache. activemq. jndi. ActiveMQInitialContextFactory。
- JNDI Properties：新添加一个属性，名称为 queue. Q. REQ；值为 小强。
- Provider URL：ActiveMQ 地址和端口。此处填写 tcp：//localhost：61616

5）最终配置完成后的效果如图 3.27 所示。

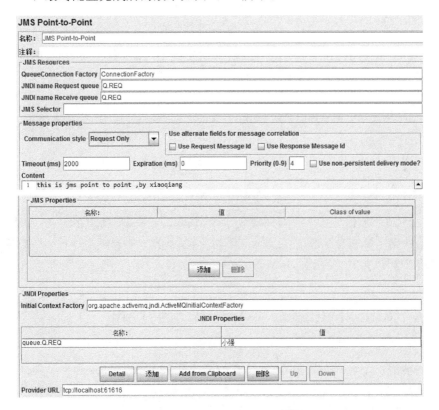

图 3.27　JMS Point-to-Point 配置

6）添加一个查看结果树，然后运行 Jmeter，结果如图 3.28 所示，请求成功。

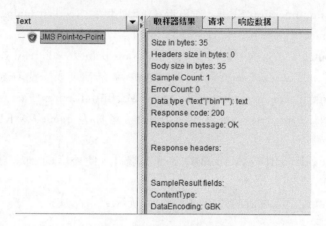

图 3.28　JMS 运行结果

7）之后返回 ActiveMQ 的控制台，切换到 Queues 标签页，可以看到我们发送的消息已经进入了队列，如图 3.29 所示。

Name ↑	Number Of Pending Messages	Number Of Consumers	Messages Enqueued	Messages Dequeued	Views	Operations
example.A	0	0	2	2	Browse Active Consumers Active Producers atom rss	Send To Purge Delete
小强	0	1	1	1	Browse Active Consumers Active Producers atom rss	Send To Purge Delete

图 3.29　Queues

经历了以上步骤我们就完成了 JMS Point-to-Point 脚本的开发。例子中的数据需要根据实际情况改动，切勿生搬硬套。对于更多 ActiveMQ 和 JMS 的知识大家可以到官网查看。

3.6　BeanShell 脚本在 Jmeter 中的应用

本章一开始就提到 Jmeter 独有的强大扩展功能，而 BeanShell 脚本在 Jmeter 中的应用就是亮点之一。因为相关资料在网上比较少，也有不少朋友问，所以这节我们就一起来学习下。

BeanShell 是一个小巧免费的 Java 源码解释器，支持对象式的脚本语言特性，在语法上和 Java 类似，它内嵌在 Jmeter 中，也就说可以直接使用。如果有对 BeanShell 开发感兴趣的朋友可以到官网查看并学习，地址：http://

www.beanshell.org/。

在 Jmeter 中常见的 BeanShell 有 BeanShell Sampler、BeanShell PreProcessor（前置处理器）、BeanShell PostProcessor（后置处理器）、BeanShell Timer（定时器）、BeanShell Assertin、BeanShell Listener（监听器）。它们的用法基本相同，只是作用的时机不同而已，比如，BeanShell PostProcessor 是在请求完成后进行处理的。此处我们以 BeanShell Sampler 为例进行讲解。

1. 简单应用

在 Jmeter 中最简单的 BeanShell 应用就是利用 vars.put()和 vars.get ()方法对参数进行赋值和取值。在线程组下新建一个用户参数和 BeanShell Sampler。其中用户参数中设置一个变量 username，如图 3.30 所示，值为空；BeanShell Sampler 中的代码如下。

```
//给在用户参数中定义的变量 username 赋值为 xiaoqiang
vars.put("username", "xiaoqiang");
//获取变量 username 的值并赋值给 name 变量
String name = vars.get("username");
//在 jmeter.bat 中输出内容
print(name);
```

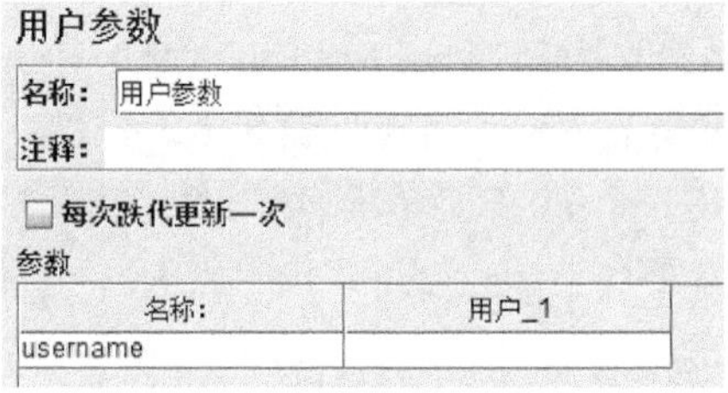

用户参数	
名称:	用户参数
注释:	

□ 每次跌代更新一次

参数

名称:	用户_1
username	

图 3.30 用户参数

2. 引用外部文件

BeanShell 也可以完成引用外部文件的测试。它可以引入外部的 Java、Class 以及 JAR 包进行测试。其中 JAR 包的测试需要提前在测试计划的右侧面板最下方先把 JAR 包添加进来才可以。三者的基本用法是类似的，这里我们以引入外部 Java 文件为例进行讲解。

假如现在有一个外部 Java 文件是 AddNumber.java，代码如下。

```
package com.xiaoqiang.test;
public class AddNumber
{
    public int add(int a, int b)
    {
        return a + b;
    }
}
```

如果想在 Jmeter 中引用，只需在 BeanShell Sampler 脚本中增加一句 source("Java 文件路径")即可。具体实现代码如下。

```
//引入外部 Java 文件
source("d:\\AddNumber.java");
//创建对象并调用 add 方法返回结果
int result = new AddNumber().add(1, 1);
//打印结果
print(result);
```

3. BeanShell PostProcessor 的应用

BeanShell PostProcessor 的用法和 BeanShell Sampler 基本一样，区别是 BeanShell PostProcessor 是后置处理器，对请求之后的操作进行处理。这里我们继续以老黄历接口为例，利用 BeanShell PostProcessor 来获取请求老黄历接口之后的返回数据。大致实现步骤如下。

1）线程组下新建一个 HTTP 请求，填写好老黄历的接口信息。

2）新建一个后置处理器 BeanShell PostProcessor，代码如下。

```
//获取响应结果并转换成 String 类型赋值给 json 变量
String json = prev.getResponseDataAsString();
//打印结果到 jmeter.bat
print(json);
```

3）运行脚本，结果如图 3.31 所示，图中的提示请大家忽略，是因为我的认证过期导致的。

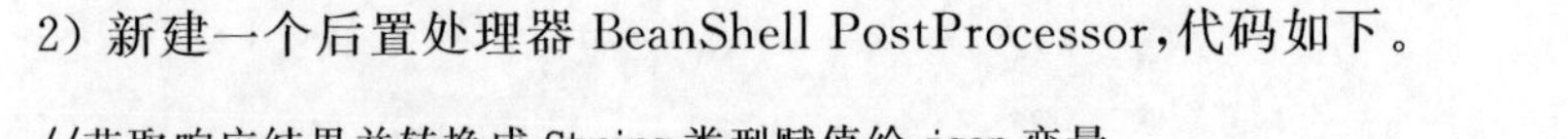

```
{"resultcode":"105","reason":"应用未审核超时，请提交认证","result":null,"error_code":10005}
```

图 3.31　运行结果

4. 常用的 BeanShell 内置变量

- vars：对 Jmeter 线程中的局部变量进行操作，比如，赋值和取值。用法在本小节"1. 简单应用"中已经讲解过了。
- props：可操作 Jmeter 的属性。用法和 vars 类似。比如，props. get ("HOST")；或 props. put("PROP1","1234")。
- log：写入信息到 jmeber. log 文件，格式：log. info("要写入的内容")。
- prev：获取前面的 Sampler 返回的信息。比如，getResponseDataAs-String()；获取响应信息或 getResponseCode()；获取响应码。在本小节"3. BeanShell PostProcessor 的应用"中已经讲解过了。

还有一些其他的内置变量，可参考 Jmeter 的官方文档。

3.7 使用 Jmeter 完成 Java 自定义请求

有时候因为特殊需求，测试脚本需要进行自定义扩展，可能工具本身无法完成我的测试需求。除了 3.6 节中讲解的 BeanShell 外，本节将要讲解的 Java 请求也可以满足我们的需求。该 Sample 实现的原理为：在自定义类中继承 AbstractJavaSamplerClient 类，通过重载里面的某些方法来定制自己的 Java 请求。大致实现步骤如下。

1) 在类似 Ecplise 的编辑器中创建自己的工程，并引入 Jmeter 安装目录的 lib 下的 ext 子目录中的 ApacheJMeter_core. jar 和 ApacheJMeter_java. jar。

2) 编写具体的实现类代码，代码中有几个重要的方法，解释如下。

- getDefaultParameters()：该方法相当于设置入参，会在 Jmeter 的 GUI 参数列表中显示。
- setupTest()：该方法是用来进行初始化的，类似 LoadRunner 中的 init 方法。
- runTest()：该方法是最重要的，你的请求以及和服务器的交互都在这里完成，类似 LoadRunner 中的 action 方法。
- teardownTest()：该方法是用来做后续的清理工作，类似 LoadRunner 中的 end 方法。

3) 把编写好的代码工程打包成 jar 包并复制到 Jmeter 安装目录的 lib

下的 ext 子目录中。

4）重启 Jmeter 后创建 Java 请求，你就可以看到自定义的 Sampler 了，如图 3.32 所示。

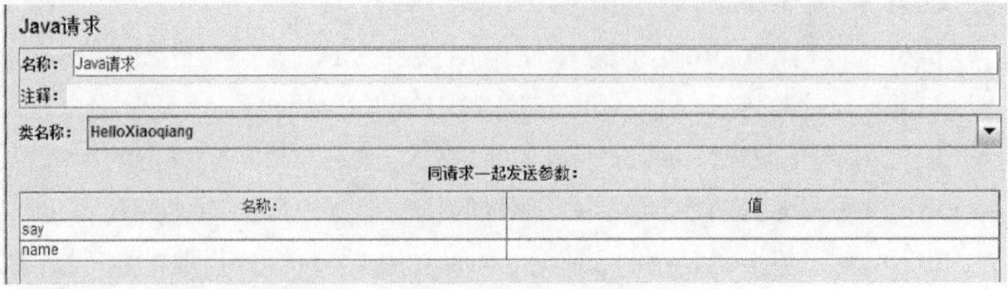

Java请求		
名称:	Java请求	
注释:		
类名称:	HelloXiaoqiang	▼
同请求一起发送参数:		
名称:		值
say		
name		

图 3.32　Java 请求

其中的 Java 代码结构类似以下形式。

```
//引入必要的包
import org.apache.jmeter.config.Arguments;
import org.apache.jmeter.protocol.java.sampler.AbstractJavaSamplerClient;
import org.apache.jmeter.protocol.java.sampler.JavaSamplerContext;
import org.apache.jmeter.samplers.SampleResult;

//继承 AbstractJavaSamplerClient
public class HelloXiaoqiang extends AbstractJavaSamplerClient{
    private String say;
    private String name;
    //初始化方法,获取参数值
    public void setupTest(JavaSamplerContext jsc){
        say = jsc.getParameter("sayWhat");
        name = jsc.getParameter("myName");
    }
    public SampleResult runTest(JavaSamplerContext jsc){
        String con;
        SampleResult result = new SampleResult();
        //在 sampleStart 和 sampleEnd 中间可以写任何数据交互
        result.sampleStart();
        con = say + name;
        result.sampleEnd();
        if(con.equals("HelloXiaoqiang")){
            System.out.println(con);
            //设置运行结果的成功或失败
            result.setSuccessful(true);
        }
```

```
    else
        result.setSuccessful(false);
    return result;
}
//清理工作
public void teardownTest(JavaSamplerContext arg0) {
}
public Arguments getDefaultParameters() {
    Arguments params = new Arguments();
    //每增加一个 addArgument 就会在 Jmeter GUI 参数列表中增加一个字段
    //第一个参数为参数默认的显示名称,第二个参数为默认值
    params.addArgument("sayWhat", "");
    params.addArgument("myName", "");
    return params;
}
}
```

3.8　Jmeter 轻量级接口自动化测试框架

在实际工作中,有时候需要一款比较轻量级的工具或框架来帮助我们快速地完成一些事情,而本节和大家分享的知识正可以满足这一需求。

人是一个非常复杂的"高级动物",遇到简单的东西觉得没技术含量,遇到复杂的东西又觉得太难了不想学,你说到底要怎么办?最后就造成不少朋友处于"高不成低不就"的状态,还是自己害了自己。在大部分企业应用中,能快速应用且好维护才是王道,所以轻量级工具和框架的诞生更适用于大部分企业(一些非常庞大的公司可能需要一些平台级的产品做支撑)。所以,大家也不要纠结了,有时候简单的东西往往能更高效!

说了这么多,接下来我们就看看这个框架怎么去设计。大致思路为:Jmeter 完成接口脚本,Ant 完成脚本执行并收集结果生成报告,最后利用 Jenkins 完成整体脚本的自动集成运行。看起来很简单,但实际做起来还是有不少"坑"的。大致实现的步骤如下。

1) 完成一个 Jmeter 接口脚本,并保证是正确的。此处继续使用本章的老黄历接口。

2) 将 JMeter 所在目录下 extras 子目录里的 ant-JMeter-1.1.1.jar 复制到 Ant 所在目录 lib 子目录之下。

3）修改 Jmeter 目录下的 bin/jmeter. properties，找到 jmeter. save. saveservice. output_format，去掉注释并设置为 xml。

4）创建框架目录结构，注意层级，如下所示。

```
xiaoqiangtest(主目录文件)
 -- result
   -- html(测试报告生成目录)
   -- jtl(存放 jtl 文件的目录)
 -- script(存放 Jmeter 的 jmx 文件)
 -- build.xml(核心配置文件)
```

5）编写 build. xml 文件，部分核心代码如下。

```
<! -- 指定你自己的 Jmeter 安装目录 -->
< property name = "jmeter.home" value = "D:\apache - jmeter - 3.0" />

<! -- 指定 jtl 的存放路径 -->
< property name = "jmeter.result.jtl.dir" value = "D:\xiaoqiangtest\result\
jtl" />

<! -- 指定 html 报告的存放路径 -->
< property name = "jmeter.result.html.dir" value = "D:\xiaoqiangtest\result\
html" />
< property name = "ReportName" value = "TestReport" />

<! -- 按照上面的设定生成对应的文件。这里需要注意，网上很多写法都是错误
的，如果不加 time，每次报告会叠加累计，这样结果就不准确了。其实网上很多东
西都是错误的，一个错误的东西有 100 个人传也许就传成真的了 -->
< property name = "jmeter.result.jtlName" value = " $ {jmeter.result.jtl.dir}/
$ {ReportName} $ {time}.jtl" />
< property name = "jmeter.result.htmlName" value = " $ {jmeter.result.html.
dir}/ $ {ReportName} $ {time}.html" />

<! -- 解决在最终生成的报告中 Min/Max 字段总显示 NaN 的问题，同时把这两个
jar 文件复制到 ant 的 lib 目录中 -->
< path id = "xslt.classpath">
< fileset dir = " $ {jmeter.home}/lib" includes = "xalan - 2.7.1.jar"/>
< fileset dir = " $ {jmeter.home}/lib" includes = "serializer - 2.7.1.jar"/>
</path>
< target name = "test">
< taskdef name = "jmeter" classname = "org.programmerplanet.ant.taskdefs.
```

```
jmeter.JMeterTask" />
< jmeter jmeterhome = " $ {jmeter. home}" resultlog = " $ {jmeter. result.
jtlName}">

<! -- 你要运行哪些脚本都写在这里,如果你想运行所有脚本就写". jmx"即可. -->
< testplans dir = "D:\xiaoqiangtest\script" includes = "laohuangli.jmx" />
</jmeter>
</target>

<! -- 设定你想要生成报告的模板,Jmeter 自带了几套模块可以供大家使用,在
Jmeter 的安装目录下的 extras 子目录中,后缀为 xsl,可以自行选择使用,当然你
也可以自定义报告.我们这里使用了 jmeter - results - detail - report_21.xsl 的
报告模板 -->
< xslt in = " $ {jmeter. result. jtlName}" out = " $ {jmeter. result. htmlName}"
style = " $ {jmeter. home}/extras/jmeter - results - detail - report_21.xsl" >
< param name = "dateReport" expression = " $ {report. datestamp}"/>
</xslt>
```

6）切换到框架目录,在 CMD 窗口中输入 ant 来执行,等待片刻后可以看到提示"BUILD SUCCESSFUL"。

7）之后到 html 目录下查看报告,报告的形式如图 3.33 所示。

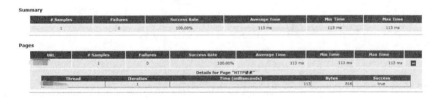

图 3.33　测试报告

经过上面的步骤我们就基本完成了一个轻量级框架的构建,但是,我们仍然需要通过手工输入 ant 来执行,如果可以集成到 Jenkins 中那它会更加方便,并可以产生各类统计报告,方便进行监控。

将该轻量级框架集成到 Jenkins 的大致实现步骤如下。

1）在 Jenkins 中新建一个自由风格的 Job,构建步骤选择 Invoke Ant,然后把相关信息填写完毕就大功告成了,如图 3.34 所示。

2）可以配合 Performance 插件使用,方便统计各种性能信息,此步骤可选,如图 3.35 所示。进入详情页后还可以看到具体的数据统计,如图 3.36 所示。

构建

▦ Invoke Ant

Ant Version	ant-1.9.6
Targets	
Build File	D:\xiaoqiangtest\build.xml
Properties	
Java Options	

图 3.34　Ant 的配置

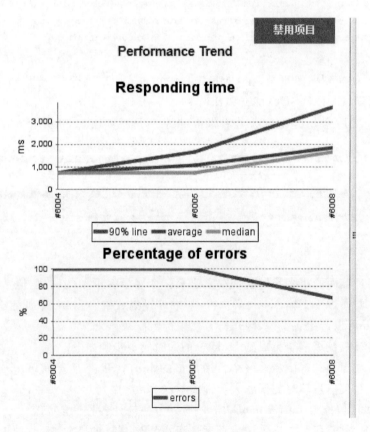

图 3.35　Performance Trend

Performance Breakdown by URI: TestReport_xiaoqiang.jtl

Response time trends for build: "jmeter #6009"

URI	Samples	Samples diff	Average (ms)	Average diff (ms)	Median (ms)	Median diff (ms)	Line90 (ms)	Minimum (ms)	Maximum (ms)	Http
	7	0	1709	0	970	0	3646	750	3646	
All URIs	7	0	1709	0	970	0	3646	750	3646	

图 3.36　详细数据

到这里你是不是觉得可以结束了呢？必然不可以结束，如果最后能把结果以邮件的形式自动通知给相关人员是不是会更好点呢？这样我们就不需要主动地去看了。实现方式非常简单，只需要利用 Jenkins 中的 Email Extension Plugin 插件并进行一些简单配置即可，最终收到的测试报告邮件效果如图 3.37 所示。

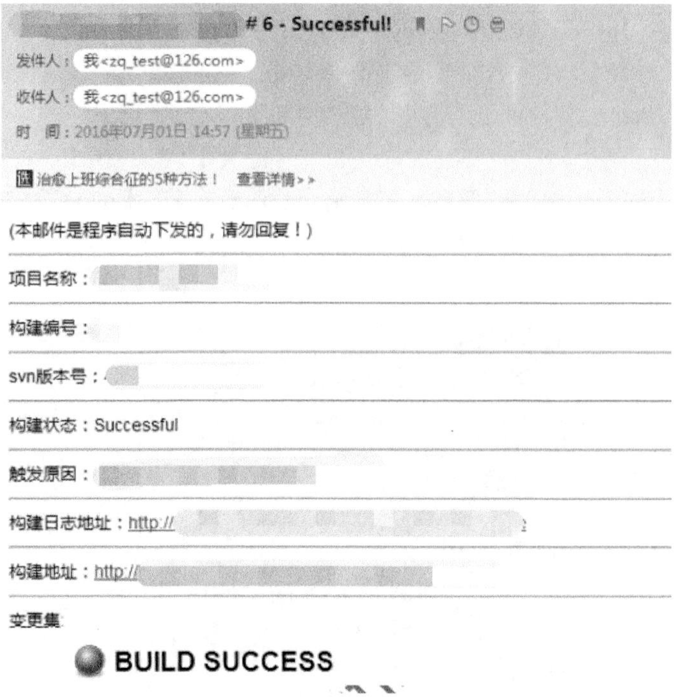

图 3.37　测试报告邮件

通过本轻量级框架的分享，大家也应该体会到合理应用第三方插件并将它们进行适度集成会给我们的工作带来很多便利，不见得非得从零开始做，很多时候解决方法就在我们身边，只是我们从来不去注意而已。

突然想起一段话：“世界上最遥远的距离，是我就在你身边，你却一直无视我。”

3.9 在 Jmeter 中使用 Selenium WebDriver 完成测试

首先不得不感叹 Jmeter 的日渐强大，尤其是其插件。之前我们讲解过，Jmeter 可以完成性能测试、接口测试，而这次它居然可以依靠 WebDriver 来完成 GUI 的功能自动化测试了。

下面就以打开我的博客地址首页为例进行讲解，大致的实现步骤如下。

1）下载 JMeterPlugins-WebDriver-1.3.1.zip，解压之后把 lib 目录下的所有 jar 文件和 lib/ext 目录下的 JMeterPlugins-WebDriver.jar 文件分别复制到本地 Jmeter 安装目录下的 lib 目录中和 lib/ext 目录中。

2）进入本地 Jmeter 安装目录下的 lib 目录中，把 httpclient、httpcore、httpmime 三个 jar 包的较低版本删除掉，只保留较高版本的。

3）启动 Jmeter，可以看到图 3.38 中配置元件中新增了几个 Driver Config。

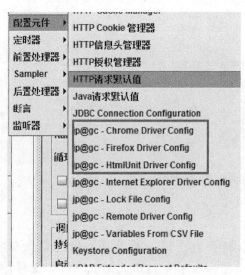

图 3.38 配置元件

4）新建 jp@gc-Firefox Driver Config，配置如图 3.39 所示。

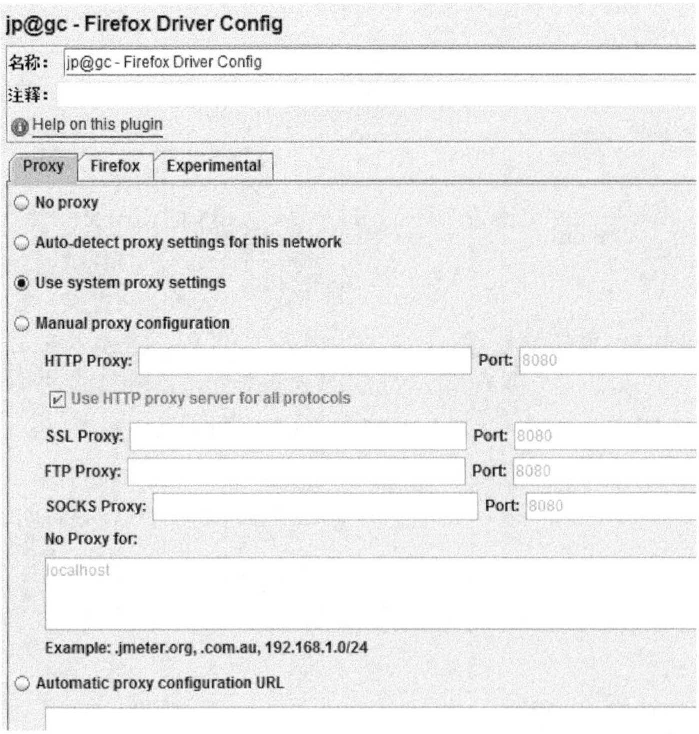

jp@gc - Firefox Driver Config

名称：　jp@gc - Firefox Driver Config
注释：
ⓘ Help on this plugin

| Proxy | Firefox | Experimental |

○ No proxy
○ Auto-detect proxy settings for this network
◉ Use system proxy settings
○ Manual proxy configuration

HTTP Proxy: [　　　　　]　　　Port: [8080]
　☑ Use HTTP proxy server for all protocols
SSL Proxy: [　　　　　]　　　Port: [8080]
FTP Proxy: [　　　　　]　　　Port: [8080]
SOCKS Proxy: [　　　　]　　　Port: [8080]
No Proxy for:
[localhost]

Example: .jmeter.org, .com.au, 192.168.1.0/24

○ Automatic proxy configuration URL

图 3.39　jp@gc-Firefox Driver Config

5）新建 jp@gc-WebDriver Sampler，编写如下代码：

```
//测试代码开始,需要测试的业务放在 start 和 end 之间即可。
WDS.sampleResult.sampleStart()
try{
    //打开博客首页
    WDS.browser.get('http://xqtesting.blog.51cto.com')
    //测试代码结束
    WDS.sampleResult.sampleEnd()
}catch(x){
    WDS.sampleResult.sampleEnd()
    //设置为结果失败
    WDS.sampleResult.setSuccessful(false)
    //返回信息设置为 - _ - sorry
    WDS.sampleResult.setResponseMessage('- _ - sorry')
}
```

6）新建查看结果树和用表格查看结果。

7）运行 Jmeter 脚本，可以看到会自动调用火狐浏览器并模拟操作。最终运行结果如图 3.40 所示。

图 3.40　运行结果

以上是最简单的使用，算是一个尝鲜吧，其中 WebDriver Sampler 中的代码编写可以扩展，和编写 WebDriver 一样，可以利用 By. id 或 By. cssSelector 等方法进行元素的定位并操作，类似如下代码：

```
var pkg = JavaImporter(org.openqa.selenium)
WDS.browser.findElement(pkg.By.id('what')).sendKeys(['xiaoqiang'])
```

感兴趣的朋友可以到官网查看详细的示例代码，地址：http://jmeter-plugins. org/wiki/WebDriverSampler/。

3.10　本章小结

本章和大家分享了 Jmeter 在业务级、接口级性能测试中的应用。同时，也对如何完成 JDBC、JMS Point-to-Point 以及 BeanShell 的脚本开发进行了讲解，并对常见问题进行了穿插回答，最后基于 Jmeter 打造了一款轻量级接口自动化测试框架，总体来说基本可以应用到企业中。当然，这些还只是冰山一角。Jmeter 的扩展能力还有很多，大家可以到官网查看更多的应用方法，地址：https://jmeter. apache. org/usermanual/index. html。

第4章

性能测试通用分析思路和报告编写技巧

性能测试的分析以及报告的编写是大家最为头疼的两大难题。首先，必须承认它们确实很难，因为需要庞大的知识体系做支撑，涉及的知识层级太多；其次，我也必须承认它们没那么难，当你有足够知识和经验作为支撑时，很多事情就变得顺其自然了，而这个过程需要我们的努力和坚持。

本章的性能测试通用分析思路和报告编写技巧与工具无关，它们可以为大家在以后的分析中提供一定的思路和方法，虽然不是万能的，但却可以指导我们的思路，逐步找到突破点进而深入分析，这一点是十分重要的。

4.1　通用分析思路

当性能测试结束之后，面对的一个令人头疼的问题就是结果分析，这也是几乎所有小白朋友特别害怕和恐惧的。客观点说，性能测试的分析确实是一个耗费脑力和体力的事情，需要有足够的耐心、细心、知识面，绝对不是大家理解的"会使用 LoadRunner、Jmeter 就是会做性能测试"，这只能算是你入门而已。

要想分析，你必须有足够广的知识面做支撑，从前端到后端，从 Web 服务到数据库，从业务到架构，几乎必须全部了解才行。所以，培养自己的分析能力绝对不是一朝一夕可以完成的，也绝不是看一本书就可以学会的，这需要项目积累和经验沉淀。这里我给出一个通用的分析思路,仅供大家参考,一图胜千言,请看图4.1。

这张图表达得比较抽象,可能大家一下看不明白,接下来我们就把每个步骤细化,看看每个步骤需要关注什么。

4.1.1 观察现象

对于现象观察的准确度会直接影响后续的分析,也许你在现实中有这样的感觉,当别人问你一个问题的时候,他总是描述不清楚现象甚至描述错误,导致你没办法帮他解决。性能测试中也是一样,只有把现象抓准了才能事半功倍。

在性能测试中一般通过监控系统、Log 日志或者命令进行现象的监控。这里的现象主要是

图 4.1　通用分析思路

指页面的表现、服务器的资源表现、各类中间件的健康度、Log 日志、各类软件的参数、各类数据库的健康度等。

互联网公司中一般常用的监控方式有如下几种。

- 综合监控系统,比如,Zabbix、Nagios、Open-falcon 等。
- 专项监控系统,比如,专门监控数据库的 MySQLMTOP、Spotlight 等。图 4.2 所示为各类数据库的监控系统,其中红色小圆圈代表达到了一定的阈值给予报警,而绿色的小圆圈则表示比较正常。另外,从图中我们除了能够直观地监控数据库的连接数、进程数、延迟等,还可以监控到操作系统在 CPU、内存、IO 以及负载方面的数据,对于判断当前数据库的压力有重要的指导作用。

			服务器			数据库							操作系统						
类型	主机	角色	标签		版本	连接	会话	进程	等待	同步	延时	表空间使用	SNMP	进程数	负载	CPU	内存	网络	磁盘	图表
MySQL						●		●					●		●	●	●	●	●	☑
MySQL						●		●					●		●	●	●	●	●	☑
MySQL						●		●					●		●	●	●	●	●	☑
MySQL						●		●					●		●	●	●	●	●	☑
						●		●					●		●	●	●	●	●	☑
Mongo						●		●					●		●	●	●	●	●	☑

图 4.2　数据库监控系统

- 命令监控,比如,Linux 命令、Shell 脚本等。
- 软件自带的 console 监控台。
- 自主研发监控系统。
- 云监控平台,比如,听云 APM、OneAPM 等。图 4.3 所示为 JVM 的监控数据。

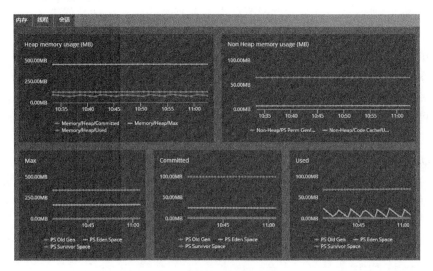

图 4.3　JVM 监控数据

　　每种监控方式都有自己的优点,在选用的时候做一个选型对比就能比较清楚地知道哪种方式更适合自己。另外,监控方式虽然很多,但需要关注的重点指标并不多。所以,把握好重点指标的监控和分析可以提升我们分析问题的效率。

　　一般情况下有一些公共指标是我们需要关注的,比如,响应时间、TPS、QPS、成功率、CPU、Memory、IO、连接数、进程/线程数、缓存命中率、流量等。

　　除了公共指标外,还有一些针对具体系统软件需要进行监控的指标。比如,JVM 中各内存代的回收情况以及 GC 情况,PHP-FPM 中的 max active processes、slow requests 等。

4.1.2　层层递进

　　对于小白朋友和一些缺乏经验的朋友而言,性能测试分析的突破口非常重要,如果找不到突破口或者说没有思路就会寸步难行！ 面对这样的局面我们怎么破解呢?

　　我个人的经验是:层层递进,即一层层地分析排除。就跟我们小时候做题用的排除法一个道理。所以,以后大家如果没有思路时不妨试试我说的这种方法,其实你只要按照系统的层级一层层地去排除分析,总会找到是哪个层级的问题,然后再细化即可,这也是我一直给学员推崇的"分层思想"。

　　举个例子,假设在一次性能测试中发现某个查询业务的性能表现不佳,响应时间较长,这对于小白朋友来说可能较难分析,这时候大家可以尝试用"分层思想"来做排除,从应用服务器一层开始,逐层排查,那么最终会分析到数据库层。我们知道,查询会涉及 SQL 语句,如果 SQL 语句的性能不好就会导致 IO 飚升、内存消耗增大等现象,这个时候利用慢查询等方法去排除下 SQL 语句即可。

　　再比如,PHP-CGI 热点 CPU 问题,进程所占 CPU 资源太高,我们可以通过找到 proc 下的进程文件来做分析等。

　　可见,万事开头难,但都有章法所寻,只要你的思路够清楚,总会找到分析点的。

4.1.3　缩小范围

　　经过层层递进之后,排除和分析的范围自然而然也就缩小了。不过,还是有很多朋友即使在一个很小的范围内也不知道怎么去分析。我个人觉得主要原因有三点。

- 知识体系不完善,之前已经强调过性能测试需要庞大的知识体系做支撑,而很多朋友连 Linux、MySQL 等基本的操作都不会(这个真是让人特别头疼)。

- 不习惯总结。任何知识如果你只学习而不总结,最后都是没有用的。总结可以帮助我们梳理知识点,整理思路,分出主要和次要的知识,好处非常多。其实大家如果平时多注意点会发现很多优秀的测试工程师和管理者都非常善于总结。图 4.4 所示就是我很早以前的一些总结。

- 太急躁。永远不要奢望一口吃成一个胖子,学习任何事都需要一个过程,在这个过程中你要谦虚、耐心,切勿浮躁。很多知识是需要经验的沉淀才能理解的,就好像你觉得 1+1=2 很简单,但对于一个刚刚出生的小宝宝,这是一个天大的难题啊。

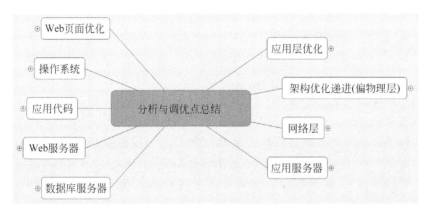

图 4.4 分析调优总结

这里简单做个总结,在一定的范围内,分析的点基本都是固定的。以 Tomcat 相关容器为例,包括但不限于以下需要分析的点。

- Tomcat 本身参数的配置,比如,运行模式、MaxThreads 等参数。
- Tomcat 部署方式,单点或集群负载。
- 服务器,Tomcat 部署所在的服务器是否存在瓶颈,比如,内存太小等。
- JVM,各个内存代的分配、GC 垃圾回收机制等。
- 代码,不合理的逻辑代码或未被释放的对象引用等。

以上只是一个简单的举例,主要是想告诉大家,只有不断地总结和提炼才能"胸有成竹",面对分析的时候才能"游刃有余"。

4.1.4 推理分析

根据现象和经验来推理分析,需秉承大胆猜测、小心求证的原则。当没有突破口的时候,一定要大胆猜测,不然你就会陷入"空白"的思考状态。大家想想那些侦探推理小说的剧情,里面有很多都是大胆猜测的结果,有时候我们即使看电视剧也可以学到不少东西呢,不要只关注帅哥和美女嘛。

举个例子,如果你在日志中看到了这样的提示"org. apache. tomcat. util. threads. ThreadPool logFull SEVERE:All threads(250)are currently busy,waiting. Increase maxThreads(250)or check the servlet status",你会怎么去分析呢? 这个问题就留给大家去思考吧。

4.1.5　不断验证

一般如果我们没有足够的经验,可能在分析的时候很难"一针见血",耐心地不断验证是我们的唯一方法。再次回想下《柯南》、《福尔摩斯》等动画片或电视剧,你会发现书中的人物很多时候推断出来的结果也是错误的,只有经过不断的验证才能最终找到真相! 你看的时候感觉很过瘾,但自己在性能测试分析的实践中却不耐烦,这怎么能行呢。

再举个例子,如果你在日志中看到了这样的提示"[pool www] seems busy (you may need to increase pm. start_servers, or pm. min/max_spare_servers), spawning 8 children, there are 0 idle, and 71 total children",你会怎么去验证呢? 可能有的朋友会说日志里已经给出了提示,需要增加"pm. start_servers, or pm. min/max_spare_servers"的值,但真相是这样吗? 增加这些值真可以从根本上解决问题吗? 这些都是需要大家不断去验证的。

4.1.6　确定结论

恭喜你,经历"九九八十一难"后可以得出最终结论了。是不是会有点小激动呢? 遇到困难不要害怕,掌握方法,多练习和总结,随着经验的积累一定会"水到渠成",此时你可以体会性能测试带给你的"快感"了!

到这里你应该大概明白了分析的过程,这是一个充满挑战但又虐心的过程,不仅仅需要耐心,还需要有足够广的知识面。

为了更立体地展现分析思路,下面我们以一个典型的三层架构模型结构化地说说怎么去分析,让大家有更直观的认识,如图4.5所示。

图 4.5　典型的三层架构模型

从图4.5可以看出任何复杂的系统都可以抽象为基本的三层架构,分析的时候我们可以从前往后或者从后往前一层层进行分析与排除。

1) Client 层。一般是指我们的前端,前端的性能测试我们在后续的章节中会详细讲解到,所以这里不作讲述。

2）Web Server 层。这里以 Apache 为例，基本的性能排查点包括但不限于以下几点。

- Apache MPM 工作模式。不同工作模式下的特点不一样，需要根据实际情况选取。
- Apache 不同 MPM 工作模式下的关键参数调优。比如，Prefork 工作模式下的 MaxClients 参数。
- Apache 基本参数的调优。比如，Timeout、KeepAlive 等参数。
- 部署架构。比如，单个 Apache 还是 Apache 和 Tomcat 的负载均衡集群。

3）DB Server 层。这里以 MySQL 为例，基本的性能排查点包括但不限于以下几点。

- MySQL 版本。不同的 MySQL 版本会存在一定差异。
- MySQL 基本参数。比如，max_connections、innodb_buffer_pool_size 等参数。
- MySQL 部署架构。比如，是单库还是主从分离，或是进行了 Sharding 等。
- SQL 语句。比如，慢查询。

4）OS 层。不论是身处哪一层，它们有一个公共的特性，即都在硬件服务器上运行。那么，如果本身硬件服务器产生瓶颈的话也会对它们造成一定的影响。这里基本的性能排查点包括但不限于以下几点。

- CPU、Memory、IO 等资源占用率。
- 硬件本身的提升。比如，使用高性能物理机代替虚拟机，SSD 硬盘代替普通机械硬盘等。
- OS 本身参数的调优。比如，可以打开的最大文件数和最大进程数等。

5）代码层。最后就是我们写的业务代码了。不良的代码也可能会导致性能问题产生。比如，在 Java 系统中，没有把不需要的对象进行释放或者进行了很多不必要的同步等所造成的内存泄漏/溢出以及线程锁。

可以看出，本身性能分析与调优就是一个系统化的工程，不是只会一个 LoadRunner 或者 Jmeter 就可以完成的，而是需要一个较为完整的知识体系作为后盾，在不断的经验积累中进化完成，这个思维对于我们来说是非常重要的。

4.2　测试报告编写技巧

　　分析完成之后我们就要写一份报告了。在这个互联网信息极度发达的时代,我们已经习惯了"提笔忘字",别说写一份测试报告了,就算是只写两句话都不知如何下笔。可见,信息化越是发达,人们越该重视对写作能力的培养。

　　写一份漂亮的报告还是比较重要的,关键在于要掌握写报告的核心思路,我一般会遵循几个要点。

　　1) 结构清晰:就是要有较好的层次感,这样看起来才不会乱,读起来才容易理解,切记不可过于混乱。

　　2) 描述简洁:不要写过多的废话,有时候你分析的过程很长,但写的时候可以适当地裁剪,不要死板地一个个字都写出来,谁有时间看一份超长的报告呢。

　　3) 图文混合:还是那句话,一图胜千言,能用一张图说清楚的就不要写一段话。

　　4) 数据对比:最有力的报告不是描述得天花乱坠,也不是多么文艺,而是有数据、有对比,这样才更有说服力。

　　了解了写一份优秀报告的指导原则之后,我们再来看看大家最常问的问题"报告格式怎么写"。常见的报告格式有两种,大家在写的时候可以参考一下。

　　1) 结论先行:即在报告的开头就把最后的分析结果写出来,让看报告的人一眼就能看到,不需要在流水式地一个个往下看了。

　　2) 结论后行:顾名思义就是结论放到了最后,类似"流水账",按照顺序一步步分析,最后给出结论。

　　这两种格式没有绝对的好与坏,根据实际情况选择即可。

　　除了上面这些需要注意的事项外,还有一些细节也值得考虑。

　　1) 针对不同的人要编写不同的测试报告。

　　比如,给领导和给技术人员看的报告是完全不同的,他们的关注点以及专业性都会有天壤之别,也许一份引以为豪的报告就因为给错了对象而被批得一文不值。如果报告是发送给领导的,那么需要尽量地避免测试术语,要用更容易理解的话来描述。报告要简洁有力,不要做过多无用的描述,因为领导没有时间关注细节,他们更在乎结论。如果报告是发送给技术人员的,那么可以忽略上述的顾虑,可以站在专业的技术角度去编写,体现分析过程、细节、解决方案以及结论。

2)给出适当的解决方案。

对于分析出来的问题,应该给予适当的解决方案,可能有的朋友会觉得无法给出解决方案会很"难为情",其实不用。本身性能测试就是一个庞大而复杂的工程,不是一个人就可以完成的,需要各个人员的配合协助,每个人完成自己擅长的事情。而且对于测试工程师来说这个过程更加有意义,你可以学到不同的知识,得到不同问题的不同解决方案,对于你来说是一份宝贵的"财富"!

4.3　本章小结

本章从性能测试分析思路以及测试报告的编写两个方面进行了系统化的讲解,我相信一定会对大家有所帮助。

性能测试的分析过程本来就是一个漫长且充满挑战的过程,除了足够的知识储备外,良好的心态也是非常重要的,至少要有"敢死队"那种精神。一旦分析出并解决掉问题你也会非常有成就感,这也是学习的动力。

对于性能测试报告的编写主要是考察逻辑表达能力,如何把大量的测试信息精简、通俗地以书面形式表达出来是非常重要的。在书写的时候注意本章所讲的要点以及条理性,写完之后自己审核一遍是否能读懂等即可。反正,写报告这个东西多少还得有点套路才行。

第 5 章

SoapUI脚本开发实战精要

本章将讲解 SoapUI 如何在项目实战中应用。由于 SoapUI 本身的学习资料少之又少，所以本章将尽可能详细地讲解，但可能不会讲述太多基础的知识，所以在学习之前最好有一定的基础，否则在基本的概念和操作上可能会有点"晕"。大家可以去作者的博客或者附录中的参考资料里进行提前学习。这里使用的是 SoapUI 5.0 Pro 版本。

5.1　SoapUI 介绍

SoapUI 是一款强大的接口测试工具，易用性极好，很多操作可以通过界面来完成，这也是它受到很多人喜欢的原因之一，另外它自带 Mock 服务，通过界面的操作就可以完成，大大降低了入门门槛。SoapUI 的版本分为开源版和 Pro 版，其中 Pro 版就是商业版，在功能上会比开源版强大很多。

SoapUI 可以轻松完成 SOAP 和 REST 的 WebService 测试并可自动生成测试报告，除此之外它还可以做接口级的压力测试和安全测试。尽管它如此强大，但最拿手的还是进行 SOAP WebService 接口的功能自动化测试，而本章内容也将主要围绕此点进行。更多 SoapUI 的介绍可以看官网 https://www.soapui.org/。

5.2 SOAP WebService 接口功能自动化测试

先来了解下什么是 SOAP 协议。本书尽可能地把教科书式的解释弱化,而是用更加通俗易懂的语言来解释,这样大家理解起来会更容易。你可以简单地理解为 SOAP 协议是基于 XML 的一个简易的协议,如果用一句话概况那就是:SOAP＝HTTP＋XML,协议中必须包括 Envelope、Body 等元素。

此处我们以 qqCheckOnline 的 WebService 接口为例进行讲解,接口的具体信息如下。

- 接口描述:获得腾讯 QQ 在线状态。
- 入参:qqCode,String 类型。默认 QQ 号码:8698053。
- 出参:qqCheckOnlineResult,String 类型。

  返回数据代表的含义为:Y＝在线;N＝离线;E＝QQ 号码错误;A＝商业用户验证失败;V＝免费用户超过数量。
- 返回格式:

```
HTTP/1.1 200 OK
Content－Type: text/xml; charset＝utf－8
Content－Length: length

<?xml version＝"1.0" encoding＝"utf－8"?>
< soap:Envelope xmlns:xsi＝" http://www.w3.org/2001/XMLSchema－instance"
xmlns:xsd＝"http://www.w3.org/2001/XMLSchema"
xmlns:soap＝"http://schemas.xmlsoap.org/soap/envelope/">
  < soap:Body >
    < qqCheckOnlineResponse xmlns＝"http://WebXml.com.cn/">
      < qqCheckOnlineResult > string </qqCheckOnlineResult >
    </qqCheckOnlineResponse >
  </ soap:Body >
</ soap:Envelope >
```

了解了接口信息之后我们来看看如何完成接口用例脚本的设计,大致步骤如图 5.1 所示。

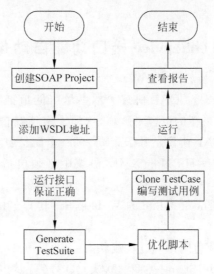

图 5.1　接口用例脚本设计步骤

5.2.1　单接口的测试方法

按照图 5.1 所示的步骤完成初步设置后，脚本结构如图 5.2 所示，这是最简单的脚本状态，还有很多地方需要优化改进，下面我们就分别讲解常见的优化方法。注意：后续的操作都在 TestSuite 中完成。

图 5.2　脚本结构

我们在设计测试用例的时候根据接口的信息，可能需要考虑多种情况，包括但不限于正确的 QQ 号码、错误的 QQ 号码、处于在线状态的 QQ 号码和处于离线状态的 QQ 号码等来验证各种情况下的接口的正确性，具体的用例需要根据具体的接口信息来设计。此处我们只以正确且处于在线状态的 QQ 号码为例进行讲解。

1. 参数化

打开 TestSteps 下的 qqCheckOnline 接口,如图 5.3 所示,会发现其中的 qqCode 是写死的,显然这个不是我们希望的,我们希望这里是"活"的。

图 5.3 qqCode

那如何能使该参数变"活"呢? 这时候就要利用 DataSource 这个强大的功能了。在 DataSource 中可以通过多种外部介质来实现参数化,比如:

- File:文本文件的形式。
- Excel:最好使用 2003 格式的 Excel。
- Grid:表格形式。
- JDBC:JDBC 数据源,就是从数据库中获取。
- XML:XML 格式。
- Groovy:Groovy 脚本形式。

这里我们使用 File 类型的文本文件形式进行参数化,大致实现步骤如下。

1) 在本地电脑上新建一个文本文件 qq.txt,并在文件中输入如图 5.4 所示的内容。

2) 新建一个 DataSource,填入相关的数据信息,注意它的顺序要位于接口之前,如图 5.5 所示。

图 5.4 qq.txt

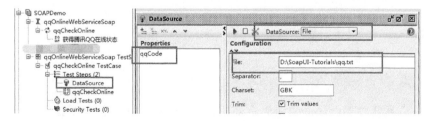

图 5.5 DataSource

部分字段的解释如下。

- DataSource：选择外部的存储介质。
- File：选择文件的路径。
- Properties：把从外部存储介质中获取的结果保存到这里。
- 其余的字段可以保持默认。

3）切换到 qqCheckOnline 接口，把之前写死的 qqCode 变"活"。只需在 qqCode 参数处右击选择 Get Data 下对应步骤中的 Property 即可，如图 5.6 所示。

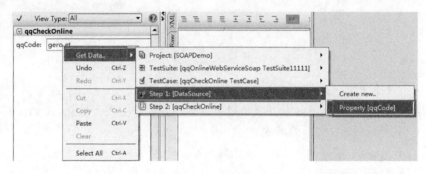

图 5.6　Get Data

4）增加 DataSource Loop，完成参数化的遍历，如果不添加这个则永远取出来的是第一个 QQ 号码，最终的脚本结构如图 5.7 所示。其中 DataSource Step 是选择的源数据，Target Step 是选择的目标步骤。这里需要特别注意 DataSource、接口、DataSource Loop 的顺序。

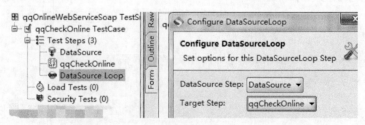

图 5.7　DataSource Loop

2. 断言（检查点）

既然我们是做接口的功能自动化，那一定会对返回的响应数据（出参）进行检查，只有符合我们预期结果才能认为该接口通过测试，要完成这件事情就需要用到断言,即常说的检查点,大致实现步骤如下。

1) 双击 TestSteps 中的接口并运行,在响应区域对你想检查的内容添加断言,右键选择 Add Assertion→for Content,如图 5.8 所示。

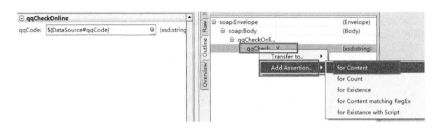

图 5.8　选择断言

2) 在弹出的 XPath Expression 对话框中可以看到已经识别出来了要检查的内容就是 qqCheckOnlineResult 对应的值 Y,直接单击 save 按钮即可,如图 5.9 所示。

图 5.9　确认断言

3) 最终完成后的效果如图 5.10 所示,其中 Assertions 表示的就是断言。

在 SoapUI 中有多种形式的断言,可谓功能十分强大,可以通过单击 Add Assertion 按钮来查看,如图 5.11 所示。

1) Property Content 类型的部分断言解释如下。

- Contains:包含。在本节内容 2.断言中已经讲解过。

- Not Contains:不包含。比如,在返回的正确结果中不应该包含什

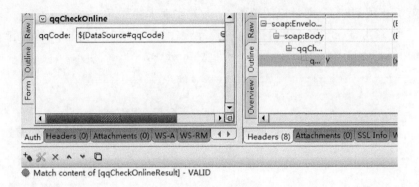

图 5.10　断言效果图

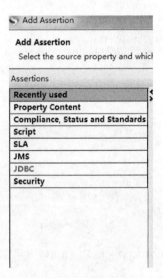

图 5.11　断言类型

么,就可以用该断言。

- XPath Match:可以利用 XPath 表达式进行断言,如果断言的内容是变化的,可以选中 Allow Wildcards 利用通配符来匹配,如图 5.12所示。

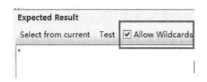

图 5.12　Allow Wildcards

2）SLA 类型的部分断言解释如下。

Response SLA：设置该断言后，如果超过设定时间仍没有收到返回信息，就表示请求失败了。默认为 200ms，如果超过这个数字就判定为失败。

3）其他的断言用法类似，因为都是界面操作，所以大家只要耐心看下每个断言下方的英文解释就能明白是干什么的了。SoapUI 的断言里还有一个群组断言的概念，意思就是可以设置多个单个断言，然后把这些断言组成一个群组，该群组里的断言都通过了才算成功，或者该群组里的部分断言通过了就算成功，这些都可以自由设定。

3. 运行与报告

完成上述步骤之后，就可以运行本用例脚本了，双击本 TestCase，在弹出的 qqCheckOnline TestCase 对话框中单击"绿色小箭头"即可，如图 5.13 所示。如果想看 SoapUI 生成的测试报告，单击"文档"形状的图标即可，测

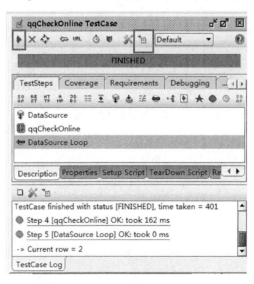

图 5.13　运行 TestCase

试报告样式如图 5.14 所示。

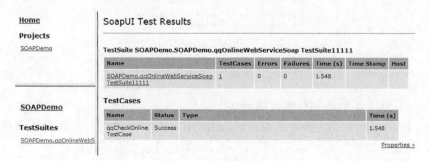

图 5.14   测试报告

所有类似这样单接口的测试大概都是这个过程,大家需要根据具体的接口信息做一定的调整,但整体的思路和方法是大同小异的,也希望大家在不断学习的过程中可以悟到"一通百通"的道理,这样即使你只有 2 年的工作经验也可能会超越有 5 年工作经验的朋友。

5.2.2   接口依赖的测试方法

在实际的应用中我们经常会遇到这样一种情况,现在有两个接口,分别是接口 1 和接口 2,其中接口 2 的入参要用到接口 1 中响应数据中的某个字段(出参),这时候就产生了接口之间的依赖。在 SoapUI 中可以通过非常方便的操作解决这个问题,大大降低了实现难度。

下面我们就来讲解下常见的两种解决方案。

1. 在 TestSteps 中进行接口之间的数据传递

这种情况处理起来非常简单,为了方便说明,我们再增加一个 qqCheckOnline 的 step 并命名为 qqCheckOnline 2,然后把 qqCheckOnline 的响应数据中的 qqCheckOnlineResult 字段作为入参传递给 qqCheckOnline 2,大致实现步骤如下。

1) 在 qqCheckOnline 2 的入参处进行如图 5.15 所示的操作,即把 qqCheckOnline 响应中的字段传入此处。

2) 在弹出的 Select XPath 对话框中选中你需要的响应数据,这里需要的就是检查的结果 Y,单击 ok 按钮,如图 5.16 所示。

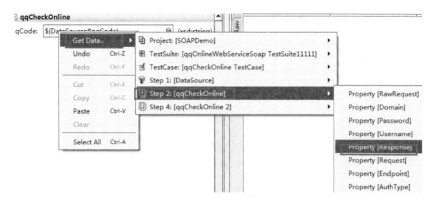

图 5.15　选择响应数据

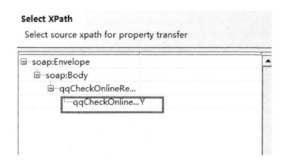

图 5.16　Select XPath

这样就完成了在 TestStep 之间的接口数据的传递了，也就解决了接口的依赖。如果运行，会提示你 Fail，原因就是我们从 qqCheckOnline 中获取的响应是 Y，传入 qqCheckOnline 2 中后不符合 QQ 号码的要求，自然就返回错误了。

2．在 TestCase 中进行接口之间的数据传递

要解决这个问题，比在 TestStep 中稍微复杂一点，核心的思想就是：利用 TestSuite 中的 Properties 是可以用共享的这个特性来完成。更加通俗点说就是找了一个可以全局共享的中间人，让它来帮助我们做数据的传递，大致实现步骤如下。

1）为了方便讲解，增加一个 TestCase 并命名为 qqCheckOnline TestCase 2，如图 5.17 所示。

图 5.17　qqCheckOnline TestCase 2

2）新建一个 TestSuite 级别的 Properties，如图 5.18 所示，Value 留空即可。

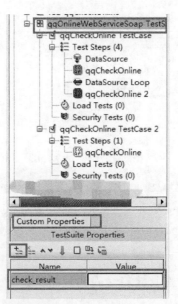

图 5.18　Custom Properties

3）在第一个用例脚本中新建一个 Property Transfer 用来传递数据，如图 5.19 所示。其中 Source 代表要从哪里获取数据，Target 代表要把获取的数据存到哪里。根据之前的思路，我们就是要从第一个用例脚本中的接口获取数据，然后存到 TestSuite 中的 Properties 里。

图 5.19　Property Transfer

4）在第二个用例脚本中的接口入参处替换即可，如图 5.20 所示。

图 5.20　替换参数

　　以上讲解，基本已经涵盖了在实际应用中常见的情况，也可以应对大部分的接口测试，不过具体的实现还需要根据接口的信息做灵活的调整，大家在学习的时候不要过分死板要学会变通，这样学习才能有效率。同时，细心的朋友会发现，我们每次在解决一个问题的时候并不是急于去操作，而是先把主要的思路整理好，然后再去实践，不然就会像没头的苍蝇到处乱碰，这个也是很多小白和经验缺乏的朋友都需要注意的地方。

5.3　SOAP WebService 接口负载测试

　　SoapUI 可以完成简单的接口负载测试，但这个并不是它的强项，能够提供的数据也非常有限，不过用起来还是很方便的，大致实现步骤如下。

　　1）在 Load Tests 处单击右键选择 New TestLoad 即可。

　　2）创建完成后如图 5.21 所示。部分字段解释如下。

　　• Limit 表示负载要持续的时间。

- Threads 表示并发数。
- Test Delay 表示从完成一次用例后，到开始下一次前，休息多长时间，单位是毫秒。
- Random 的设置代表的是 Test Delay 的浮动范围，如果设置为 0.5 则代表 Test Delay 在"Test Delay ＊（1－0.5）～ Test Delay ＊（1＋0.5）"毫秒之间，如果设置为 0 则表示不会进行浮动。

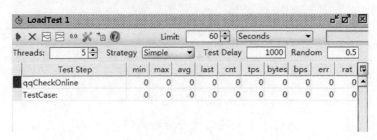

图 5.21　LoadTest

3）运行中你也可以单击"折线图"按钮切换到图形模式，结束之后单击"文档"按钮即可生成测试报告。

SoapUI 在负载测试中也可以设置断言，单击 LoadTest 弹出框下方切换到 LoadTest Assertions 标签，然后单击"添加"按钮会弹出断言的设置，如图 5.22 所示。

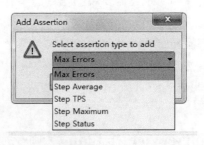

图 5.22　断言

负载测试中的断言解释如下。

- Max Errors：当 Error 的数量超过设定的值时就结束测试，不论测试时间是否结束。
- Step Average：可以用于对任何一个请求的平均响应时间做断言。
- Step TPS：可以用于对任何一个请求的每秒处理的事务数做断言。

- Step Maximum：如果超过设置的最长时间就报错。
- Step Status：状态码断言。

虽然在负载测试方面确实比不上专业的工具，但是功能测试完成之后顺便看看性能如何也是蛮方便的。

5.4　SOAP WebService 接口安全测试

本来安全测试的知识不在本书的范围内，但是考虑到介绍 SoapUI 的完整性，还是要写一下。对于安全方面的相关知识本节不会讲述，大家可以到 SoapUI 官网查看帮助文档，地址：https://www.soapui.org/security-testing/security-scans.html。

SoapUI 的安全测试是通过对被测接口进行内置的安全策略遍历攻击来进行的。也就是说，SoapUI 内置了一些安全策略和测试数据，然后它会按照设定的策略把测试数据注入接口中进行测试，最后给出测试报告。

利用 SoapUI 进行接口安全测试的大致实现步骤如下。

1）在任意一个工程下的 SecurityTest 处右键创建 SecurityTest1，之后选择测试策略，如图 5.23 所示。

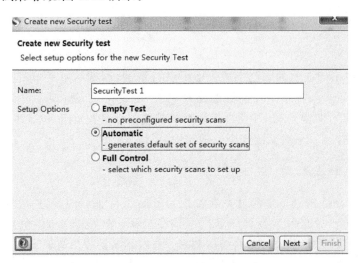

图 5.23　Create new Security test

Setup Options 中的字段解释如下。

- Empty Test：创建一个空白的测试策略，需要手动去配置安全扫描策略，如果你对安全测试非常熟悉可以使用此方法，否则建议不要选择。
- Automatic：自动使用内置的一些默认的安全扫描策略。此选项为推荐。
- Full Control：进行更加全面、细致的安全扫描。

2）之后根据提示一直单击 Next 按钮，直到最后单击 Finish 按钮，如图 5.24 所示。

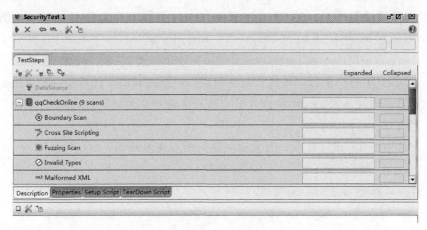

图 5.24　SecurityTest

3）单击导航上的绿色小箭头即可进行测试，测试结束后单击文档图标可生成报告。扫描结果没问题的显示绿色，有问题的显示非绿色。这里需要注意的是，即使 SoapUI 给出提示某个安全扫描项有问题，也要进行排查。

最后普及一下典型的安全测试知识，具体介绍如下。

1. SQL 注入

SQL 注入的通俗解释就是通过把特殊的或者恶意的 SQL 代码注入表单进行提交，提交后后台程序运行了该段代码，最终把隐私信息暴露了出来。比如，前几年各大网站的信息泄露。一般预防的方法有如下几种：

- 对用户的输入一定要进行校验，尤其是对单引号和双引号要进行转换；

- 为每个应用使用单独的数据库连接权限；
- 坚决不要使用动态方式来拼接 SQL 语句；
- 所有隐私的信息尽可能不要暴露，包括提示也是。有的网站访问出了问题并没有对错误页做统一处理，而是把错误以及服务器信息完全暴露了。

2. CSS 跨站式脚本攻击（又名 XSS）

跨站式脚本攻击是指攻击者在页面中插入了恶意的 HTML 代码，当用户触发时，这段恶意代码就会被执行。比如，常见的 Cookie 盗取。图 5.25 为早期新浪微博存在的 XSS 漏洞。

图 5.25　XSS

一般的预防方法也是要对前端和后端做双端验证、过滤特殊字符、对 HTML 的属性进行过滤等。

5.5　SoapUI 轻量级接口自动化测试框架

也不知道什么时候横空出世了一个"轻量级"的概念，我理解为"重量级"的反面，也就是说相对比较轻便。那么本节就和大家分享下如何利用

SoapUI 来构建一个轻量级接口测试框架。说到这里,也许有朋友会觉得很高大上,其实这都是概念包装而已,只要理解了本质你就不会这么想了。

任何测试框架都有一个基本的思想,那就是脚本和数据的分离,好处是业务测试人员可以专心地设计测试用例,并且方便管理数据。这里我们就用 SoapUI 和最常用的 Excel 来完成轻量级的接口测试框架。实现过程并不高大上,但可以给迷茫的朋友提供一种思路,我觉得这就是价值所在。

实现本框架的大致思路为:利用 SoapUI 完成接口的请求处理等,Excel 完成入参和结果数据的记录。这里的 Excel 建议使用 2003 版,其他版本的可能会有问题。此处我们继续以获得腾讯 QQ 在线状态的 WebService 接口为例,大致实现步骤如下。

1) 完成最基本的接口调试,并保证可以正常执行。

2) 在外部建立 Excel,需要的字段为 qqCode(QQ 号码)、expected_result(期望结果)、actual_result(实际结果)、is_pass(是否通过),当然这里的字段大家可以根据实际情况自行扩展,我这里用的都是基本的字段并未进行扩展。

3) 确定 Excel 中的字段后再把需要的测试数据写入对应的字段中即可,其中 actual_result(实际结果)、is_pass(是否通过)留空,它们会在脚本执行完成后自动填写。

4) 创建 DataSource,用来读取 Excel 中的数据,如图 5.26 所示。其中 File 是文件路径;Worksheet 是工作簿;Start at Cell 是要开始的单元格;左侧的两个 Properties 用来接收数据。

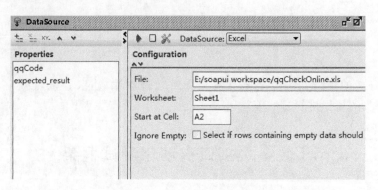

图 5.26   DataSource

5）请求中的入参 qqCode 替换为 DataSource 中的,这样就可以从 Excel 中读取数据了。

6）创建 PropertyTransfer,获取响应中的结果用于后续判断是否成功,如图 5.27 所示。其中左侧的 Transfers 就是用来接收响应中指定的数据的,也就是 qqCheckOnlineResult 的值。

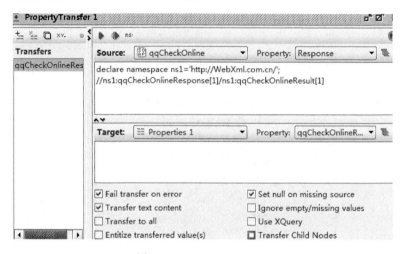

图 5.27　PropertyTransfer

7）创建 Groovy Script,在这里需要自己编写脚本,主要是完成从 Excel 里读取预期结果然后和实际结果做对比,并把对比结果返回,代码如下,里面有部分注释。

```
//从 DataSource 中获取 expected_result 的值
def expected_result = context.expand('${DataSource#expected_result}')
//从响应结果中获取 qqCheckOnlineResult 的值
def response = context.expand( '${Properties 1#qqCheckOnlineResult}')
//把预期结果和实际响应做对比,成功返回 pass,失败返回 fail
if(expected_result == response)
{
    return "pass"
}
else
{
    return "fail"
}
```

小 强 课 堂

此处使用了 SoapUI 中的 Groovy 脚本编程，它和 Java 类似，但又有些不一样。比如，Groovy 脚本中不需要显式声明变量类型，它可以自动识别。关于更多 Groovy 脚本的介绍可以到官网查看，地址：http://groovy-lang.org/learn.html。

在 SoapUI 中尝试用的方法有 getPropertyValue、setPropertyValue、context.expand、getXmlHolder、getNodeValue 等。

8）创建 DataSink，把对比结果写到 Excel 里，如图 5.28 所示。其中左侧的 Value 就是代码中的获取方法。

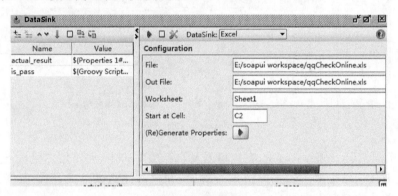

图 5.28　DataSink

小 强 课 堂

如果说 DataSource 是从外部介质读取数据，那么 DataSink 就是把内部的数据存储到外部介质中。此处就是把获取的实际结果和是否通过两个数值写入到外部介质 Excel 中。

9）创建 DataSource Loop，完成数据的循环操作。同样，需要注意它们的顺序。

10）执行 testcase 并查看 Excel 结果，如图 5.29 所示。

到此我们就完成了一个轻量级接口测试框架的构建，一个基础的框架

	A	B	C	D
1	qqCode	expected_result	actual_result	is_pass
2	2423597857	Y	Y	pass
3	2083503238	Y	Y	pass

图 5.29　运行结果

就此诞生了。是不是比你想象的要简单呢？其实正如在第一章中和大家分享的一样，自动化测试重要的是有思路，有了思路之后万事都可以想办法实现。当然，这个轻量级框架只是一个基本的雏形，还有很多地方可以改进和完善，大家感兴趣的可以自己研究，也欢迎与我交流分享。

5.6　本章小结

本章对如何使用 SoapUI 工具进行接口级的各类测试做了讲解，并对大家经常遇到的接口依赖的问题做了解答，最后的轻量级接口测试框架也可以很好地应用到实际工作中，虽然篇幅不算很多，但内容是比较实用的。有时候大家认为只有内容多、字数多才有价值，但是本来一句能解释清楚的为什么非要用一段内容来解释呢？我不知道有多少人看过《软件测试的艺术》这本书，它非常薄，可以说比现在任何测试类的书都要薄很多，但却是非常有价值的，也是我一直推荐小白朋友们学习测试的必看书籍。所以，也希望大家能正确地看待"量"这个概念。

第 6 章

Appium脚本开发实战精要

随着移动互联网的发展，移动端的测试需求也越来越多，但对于移动端的测试认知我个人觉得并没有 Web 端成熟，很多朋友在理解上都存在一定的误区。

这里必须再次强调一下，从移动端的性能测试和自动化测试方面来看移动端和 Web 端测试可以这样理解。

1）性能测试方面。

- 移动 APP 后端的性能测试方法和 Web 端基本一样。
- 现在大家都叫移动 APP 前端的性能测试方法为专项测试，一般通过硬件、软件、Android 命令、插桩等方法进行测试。

2）自动化测试方面。

- 不论是移动 APP 端还是 Web 端，在接口层的自动化测试方法上基本是一致的，而且这个也是我推荐大家可以尝试的。
- 在 UI 层的自动化测试原理上大同小异，如果你有 Web 端 UI 层的自动化测试经验，那么学习移动端 UI 层的自动化测试就会比较快。

本章讲解可以跨 IOS 和 Android 平台的 Appium 框架，因为作者环境的限制，所以主要以 Appium 在 Android 平台上的应用为主。更多内容可以参考官网的文档，它是我们学习的最佳资料。

当然，下面所讲内容也只是 Appium 应用中的冰山一角，只是希望多少能给即将使用或刚刚使用的朋友们提供一点思路。

6.1　Appium 介绍

　　Appium 是一款开源的、跨平台的 UI 自动化测试工具,适用于测试原生的或者混合型的移动 APP,支持 IOS、Android、Firefox OS 等平台,同时该框架支持 Java、Python、PHP 等语言编写测试脚本。

　　Appium 在 Android 下的工作模式如图 6.1 所示。

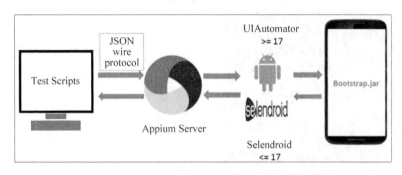

图 6.1　Appium 在 Android 下的工作模式

　　大致的工作原理为:Test Scripts 就是我们的测试脚本,由它发出一个请求到 Appium Server(支持标准的 JSON Wire Protocol),Appium Server 接收到请求后进行解析并把请求转发给 Bootstrap.jar。Bootstrap.jar 接收 Appium 的命令,通过调用 UIAutomator 的命令来实现操作,最终结果再由 Bootstrap.jar 返回给 Appium Server。

　　至于 Appium 的环境安装网上的教程非常多了,这里就不作讲述了。

6.2　控件的识别与定位

　　在第一章中已经提过,UI 层的自动化测试最核心的就是控件识别,只有识别出了控件,加上对应的操作才能完成测试,写到这里不禁想起了那些年我们一起追过的女生,不对,是写过的代码……

　　Appium 中控件的识别完全继承了 WebDriver 中所定义的方法,除此之外还扩展出了一些适合移动端的方法。一般对移动端控件的识别都是通过类似 text、resource-id、class、xpath 等来完成的,当然还有 Appium 扩展出来的 accessibility id、android uiautomator 等来完成识别。之所以会有这么多的识别方法就是为了解决某些控件在一种方法下无法识别的时候可以换另外几种方法识别。

　　说了这么多,我们要用什么工具来识别这些控件呢? 可以选用 Appium Inspector、uiautomatorviewer.bat 或 hierarchyviewer.bat。其中个人比较推荐使用 uiautomatorviewer.bat,识别出来的控件效果如图 6.2 所示。可以看到我们在之前提到的 text、resource-id、class 等识别属性。

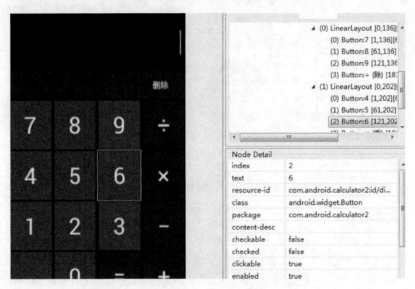

图 6.2　uiautomatorviewer.bat 控件识别

　　此处以 Python 脚本语言为例,常见的控件定位方法如下(更多方法可以查看 Appium_Python_Client 的源码):

- find_element_by_id()
- find_element_by_name()
- find_element_by_class_name()
- find_element_by_tag_name()
- find_element_by_link_text()
- find_element_by_xpath()
- find_element_by_accessibility_id()
- find_element_by_android_uiautomator()

对于一组元素的定位则是在上面的 element 后面多加了一个 s，比如：

```
find_elements_by_id()
```

假如你想对图 6.2 中的计算器里的数字 6 进行控件定位，在定位后进行单击的操作，大致的脚本代码如下，此处使用了 text 属性进行定位：

```
driver.find_element_by_name("6").click()
```

6.3　常用的操作方法

面对一个移动端的 APP，我们经常使用的操作无非就是安装、卸载、启动、关闭、后台运行、获取上下文、键盘动作、Touch 动作、滑动等。如果想把所有操作都罗列出来，内容会比较多，而且在官网 Appium Client Libraries 中已经对所有的操作方法做了说明，大家可自行查看，很容易理解，地址为：http://appium.io/slate/en/v1.0.0/?python#lock。

这里就以 Python 语言为例简单讲解下常用的操作如何实现，其中安装、卸载、启动、关闭等基础操作方法不作讲述。

1）将当前应用置于后台运行：

```
driver.background_app('com.android.calculator2')
```

2）检查某 APP 是否已经安装：

```
driver.is_app_installed('com.android.calculator2')
```

3）获取当前上下文：

```
driver.current_context
```

4）模拟键盘输入：

```
send_keys('xiaoqiang')
```

举个例子，如图 6.3 所示，是一个发送短信的界面，如果想在发送信息中输入某些文字，可以用如下代码实现。

```
driver.find_element_by_id("com.android.mms:id/embedded_text_editor").send_
keys(hello xiaoqiang)
```

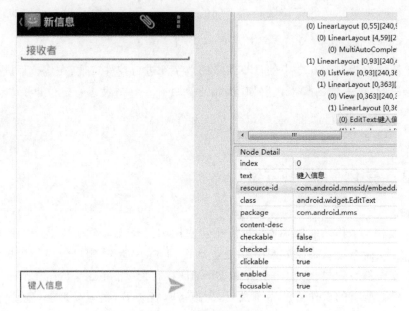

图 6.3　发送信息界面

5）模拟键码输入：

keyevent(54)

6）模拟点击：

tap(self, element = None, x = None, y = None, count = 1)

7）模拟长按：

long_press(self, el = None, x = None, y = None, duration = 1000) # 最后一个参数
代表长按的时间, 单位毫秒

8）滑动：

swipe(self, start_x, start_y, end_x, end_y, duration = None)

最后分享一点小经验, 移动端 UI 层的自动化测试最好是在真机中进
行, 模拟器中运行太慢且与真机还是有一定差异的。因为涉及 UI 的展现和
操作, 最好每次操作之间留一定的思考时间, 不然可能会存在由于控件加载
不完全而导致操作失败。如果有隐藏的控件, 一定要去判断状态, 待显示后
再去操作。

6.4　Appium 轻量级 UI 自动化测试框架

熟悉了 Appium 相关知识之后我们就来看个例子,本节将基于 Python 语言,以 Android 系统中自带的计算器为例,和大家讲解下如何构建一个轻量级的 UI 层自动化测试框架,还是那句话,重点在于思想,代码的实现其实并不难。

整体的代码逻辑如下:

- Python 实现具体的测试逻辑;
- Unittest 完成测试断言;
- HTMLTestRunner 完成测试报告。

大致的实现步骤如下。

1) 引入必要的包,代码如下:

```
import os
import unittest
from appium import webdriver
from time import sleep
import HTMLTestRunner
```

2) 编写具体的测试类,至少包括 setUp(进行初始化的操作)、tearDown (进行结束后的清理工作)和你的测试函数。此处我们测试 1+1 是否等于 2,对应的测试函数为 test_add,代码如下。

```
class TestAdd(unittest.TestCase):
    #初始化信息
    def setUp(self):
        desired_caps = {}
        desired_caps['platformName'] = 'Android'
        desired_caps['platformVersion'] = '4.4'
        desired_caps['deviceName'] = 'Android Emulator'
        desired_caps['appPackage'] = 'com.android.calculator2'
        desired_caps['appActivity'] = '.Calculator'
        self.dr = webdriver.Remote('http://localhost:4723/wd/hub', desired_
caps)
    #测试 1+1 是不是等于 2
    def test_add(self):
        self.dr.find_element_by_id('com.android.calculator2:id/digit1').
```

```
click()
        self.dr.find_element_by_name('+').click()
        self.dr.find_element_by_name('1').click()
        self.dr.find_element_by_name('=').click()
        #如果等于2则成功,否则失败
        textfields = self.dr.find_elements_by_class_name('android.widget.
EditText')
        self.assertEqual('2', textfields[0].text, msg='失败')
    #结束后需要的清理工作
    def tearDown(self):
        self.dr.find_element_by_name('清除').click()
        self.dr.quit()
```

3）运行测试并生成报告。

```
#执行并产生报告
suite = unittest.TestSuite()
suite.addTest(TestAdd("test_add"))
filename = "D:\myAppiumLog.html"
fp = open(filename,'wb')
#使用 HTMLTestRunner 生成测试报告
runner = HTMLTestRunner.HTMLTestRunner(stream=fp,title='小强 python 自动化测
试班 ',description='这是一个基于 python 的 Appium 轻量级自动化测试演示')
runner.run(suite)
fp.close()
```

最后生成的测试报告如图 6.4 所示。测试报告的格式以及内容都可以
自定义,需要通过修改源码来实现。

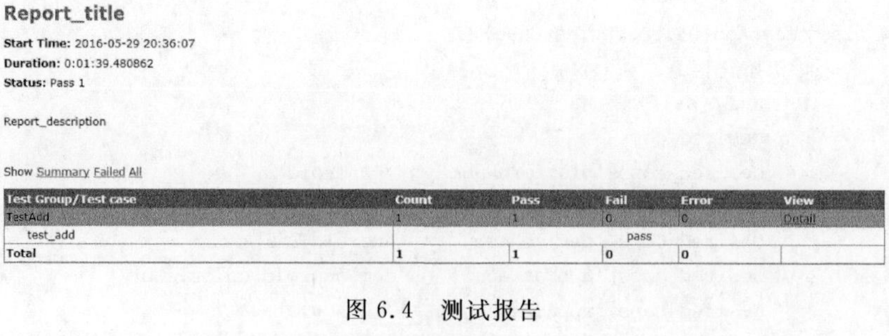

Report_title

Start Time: 2016-05-29 20:36:07
Duration: 0:01:39.480862
Status: Pass 1

Report_description

Show Summary Failed All

Test Group/Test case	Count	Pass	Fail	Error	View
TestAdd	1	1	0	0	Detail
test_add			pass		
Total	1	1	0	0	

图 6.4　测试报告

这个代码本身并不复杂,重点是想把思想传递给大家,框架本身还有很
大的改进余地,大家不必纠结,感兴趣的朋友可以自行研究。比如,如何把
Page Object 的思想放到此框架里;如何把测试数据迁移出来;如何把固定

信息转变为配置文件；如何和 Jenkins 结合完成定时自动运行等。

6.5　本章小结

本章重点给大家分享了如何利用 Appium 和第三方类库来完成一个轻量级的 UI 层自动化测试框架，并没有对 Appium 做过多的介绍，其实学习 Appium 最好的资料就是官方的文档。

另外，我也想多说一句，评价一个框架的好与坏，不能单纯以复杂度、代码量来衡量，现在很多企业中的自动化测试完全都是用代码堆积起来的，感觉代码越多就越好的样子。我始终坚持，只有适合自己的才是最好的，也许在现阶段你用一个简单的框架就可以事半功倍，那还有什么可纠结的？等到以后这个框架不能满足你了，再进行优化就可以了。凡事只有拿捏得当才会使效果最大化。

第 7 章

浅谈移动APP非功能测试

本章之所以没有起名为"浅谈移动 APP 专项测试"是因为我一直觉得"专项"这个词并不能很准确地表达，毕竟每个公司从产品、业务、认知以及人力等方面来考虑都是不一样，而且说实话我都不太清楚"专项"一词是啥时候火起来的，惭愧啊。

同时，本章并不会全面地讲解移动 APP 的测试，只是选取几个热门的测试点，意在系统化展示移动 APP 非功能测试的方法，并选取可以在大部分公司以及团队应用的方法进行讲解，而不对全部方法进行讲解，主要还是考虑到测试实施的可行性，也是本着实用的原则。不论是何种测试，测试方法基本都是固定的几种方式，只要选择合适的即可。

有时候大家会在意测试数据准不准的问题，或者觉得别的公司测试方法好高大上，这个担心是好的。但是现实中我们会受到各种约束，在有限的条件下进行测试已经不易。比如，打点（埋点）测试，它需要在源码中进行打点（埋点），不是所有公司都能进行。测试工程师没有源码权限，这是非常普遍的情况，更有甚者连测试手机都不提供。所以我觉得能够在不同环境中快速适应，并选择合适的方法进行测试是十分重要的能力，也就是我们常说的适应能力。有时候大家不要太纠结，毕竟在现实中我们还是得以完成任务为准，有些理想该放一边就放一边吧。

7.1　移动 APP 启动时间测试

启动时间对于一款 APP 来说是一个比较重要的指标,谁都不愿意等待一款启动特别慢的 APP。在我看来,启动时间是一个广泛的统称,因为涉及 Android 的一些机制概念,为了让大家更容易理解,我尽可能不用专业的术语,而是以比较通俗的话语来解释。

如果你用 adb 的 logcat 来获取 Activity 启动时间显然不能代表真实的用户体验角度的启动时间。因为 Activity 启动时间中可能不包括启动中异步 UI 绘制的时间。所以,这里我们以如何获取用户体验角度的启动时间为例进行讲解。

一般启动时间的测试需要考虑以下两种场景。

1)冷启动。手机系统中没有该 APP 的进程,也就是首次启动。

2)热启动。手机系统中有该 APP 的进程,即 APP 从后台切换到前台。

常见的 APP 启动时间测试方法包括但不限于如下几种。

1)通过 adb 命令,比如,adb logcat、adb shell am start、adb shell screenrecord 等。

2)代码里打点(埋点)。

3)高速相机。

4)秒表。看到这个我想一定会有朋友偷偷笑,但事实确实有时候只能这样做。就连某些巨头互联网公司的一些测试团队也是通过这种方式来做的。至于为什么已经在本章开始处解释过了。

5)第三方工具或云测平台。该项在后续章节中会有介绍。

此处我们使用 Android4.4(API level 19)以上版本的系统中提供的 adb shell screenrecord 的命令,通过录制并分析视频来得到启动时间。

命令格式: adb shell screenrecord [options] < filename >

命令示例: adb shell screenrecord /sdcard/demo. mp4,通过使用 screenrecord 进行屏幕录制,存放到手机 SD 卡中,视频格式为 mp4,默认录制时间为 180s,之后我们对保存好的视频进行分析。

更多命令格式的用法请看这里: http://adbshell. com/commands/adb-shell-screenrecord。

大致实现步骤如下。

1）把待测手机连上电脑，执行录制命令。

2）APP 完全启动后，使用 Ctrl＋C 结束视频录制。

3）使用 adb pull /sdcard/demo.mp4 d:\record 命令导出视频到 D 盘的 record 文件夹下。

4）使用可以按帧播放的视频软件打开该视频并进行播放分析（比如，KMPlayer）。

5）当在视频中看到 ICON 变亮时可以作为开始时间，等待 APP 完全启动后的时间作为终止时间，后者减去前者就是用户体验角度的 APP 启动时间了。

但是这个测试方法也有一些限制，大致有如下几个：

- 某些设备中可能无法录制；
- 在录制过程中不支持转屏；
- 声音不会被录制下来；
- 如果手机中有其他 APP 在运行会对启动时间产生一定的干扰。

上面介绍的这种方式与其他方式相比，更加贴近于用户体验的角度。每种方式计算出来的数值多少都会不一样，毕竟角度和统计方法不一样。根据实际情况选择合适的方法进行测试即可。

7.2　移动 APP 流量测试

流量是指能够连接网络的设备在网络上所产生的数据流量。流量在每个层级都会发生，在每个层级看到的数据也会不一样，这里涉及 TCP/IP 四层模型，不知道的朋友自行查询。我们这里主要关注用户层面的流量。

一般对于 APP 流量的测试需要考虑以下两种场景。

1）活动状态。也就是用户对 APP 操作而直接导致的流量消耗。

2）静默状态。也就是用户没操作 APP，APP 处于后台状态时流量的消耗。

对于 Android 系统下流量的测试方法包括但不限于如下几种。

1）通过 Tcpdump 抓包，然后利用 Wireshark 分析。抓包分析过程较为复杂，大部分小白朋友可能会比较晕（其实我发现很多人都不会抓包）。如果你想更加自动化一点，可以尝试对 FiddlerCore 进行二次开发。

2）查看 Linux 流量统计文件。

3）利用类似 DDMS 的工具查看流量。这种方式非常方便，容易上手，数据直观，是小白朋友的首选。

4）利用 Android API 来统计。通过 Android API 的 TrafficStats 类来统计，该类提供了很多不同方法来获取不同角度的流量数据。

5）第三方工具或者云测平台。

此处我们以大部分公司的测试工程师可以使用的方法，也就是查看 Linux 流量统计文件为例进行讲解。

假如我们现在想看下 xiaoqiang.apk 这个应用的流量，大致步骤如下。

1）通过 ps | grep com.android.xiaoqiang 命令获取 pid。

2）通过 cat /proc/{pid}/status 命令获取 uid，其中{pid}替换为上一步获取的 pid 值。

3）通过 cat /proc/uid_stat/{uid}/tcp_snd 命令获取发送的流量（单位 byte），其中{uid}替换为上一步获取的 uid 值。

4）通过 cat /proc/uid_stat/{uid}/tcp_rcv 命令获取接收的流量（单位 byte），其中{uid}替换为第二部获取的 uid 值。

通过上面的步骤可以大致知道 xiaoqiang.apk 应用消耗的流量了。这里需要注意的是该方法有一个弊端：统计出来的是一个总数据，无法提供更多纬度的统计。

7.3　移动 APP CPU 测试

对于测试一款 APP 在各种场景下 CPU 的占用率情况也是比较重要的指标，如果运行时 CPU 占用率较高会影响使用流畅度。

一般 APP 的 CPU 测试需要考虑两种场景，大致和流量测试中的一样。

1）活动状态。也就是 APP 是处在操作活动中的。

2）静默状态。也就是 APP 什么都没操作，默默在后台等待。

对于 APP 在手机上的 CPU 占用率测试方法包括但不限于如下几种。

1）第三方工具。比如，腾讯 GT、网易 Emmagee、阿里易测、手机自带监控等。这类工具使用起来简单、容易上手，并且可以产生易读性较高的报告，是小白朋友和小型测试团队的首选。

2）dumpsys 命令。类似：adb shell dumpsys cpuinfo | grep {PackageName}。

3）top 命令。类似：adb shell top | grep {PackageName}。

其中第二和第三种命令的方式,得出的数据可能会不一样,这是正常的,因为两者在底层的计算方法是不一样的。在使用这两种方式的时候,也可以把数据保存到 Excel 中,然后利用图表功能绘制出一张 CPU 的变化曲线图。

此处我们以 top 命令的方式来看下如何查看手机浏览器所消耗的 CPU 占用率,这里要用到的命令为:adb shell top | grep com. android. browser,结果如图 7.1 所示。还可以通过重定向把数据保存到指定文件中。

```
adb shell top | grep com.android.browser
7609  1  32%  R   50 1055940K 128004K    u0_a19   com.android.browser
7609  0  27%  S   51 1070920K 145984K    u0_a19   com.android.browser
7609  0  29%  S   52 1078444K 154984K    u0_a19   com.android.browser
7609  0  11%  R   52 1075772K 155196K    u0_a19   com.android.browser
7609  1  21%  S   52 1075500K 155332K    u0_a19   com.android.browser
7609  1  10%  S   52 1077660K 159692K    u0_a19   com.android.browser
7609  0   4%  S   52 1077696K 159692K    u0_a19   com.android.browser
7609  0   0%  S   50 1075616K 159764K    u0_a19   com.android.browser
```

图 7.1　adb shell top 命令

上图中各字段含义大致如下。

- 第一列 PID:进度 ID。
- 第二列 PR:优先级。
- 第三列 CPU:瞬时 CPU 占用率。
- 第四列进程状态:R=运行,S=睡眠,T=跟踪/停止,Z=僵尸进程。
- 第五列 THR:程序当前所用的线程数。
- 第六列 VSS:虚拟耗用内存。
- 第七列 RSS:实际使用物理内存。
- 第八列 UID:进程所有者的用户 ID。
- 第九列 Name:进程名称。

当然,这个是最基本的使用,你还可以进行扩展。比如,通过编写代码的方式对这些数据进行处理,生成一份可读的测试报告。

7.4　移动 APP 电量测试

电量测试其实就是评估消耗电量快慢的一种方式。电量测试方法很少,但需要测试的场景却比较多,因为在不同使用场景下消耗的电量肯定不一样。大家可能会问消耗多少才算正常呢?真的没有标准答案!有时候我们测试不是为了发现 bug,而是为了更好地推动系统的质量,每一次的优化都能让系统进步才有意义。

电量测试中需要考虑的测试场景包括但不限于以下几种。

1）待机。包括无网络待机、WiFi待机、3G待机等。

2）活动状态。也就是不断地进行某些场景的操作，除了常规操作外，还应该包括看视频、灭屏下载、唤醒等。

3）静默状态。也就是在打开APP之后并不操作，让后台运行。

相对于其他项目的测试，电量测试的方法比较少，一般常见的电量测试方法包括但不限于以下几种。

1）通过硬件进行测试。比如，耗电量测试仪、腾讯自己制作的电量宝等。

2）通过adb shell dumpsys batterystats命令。该命令只能在Android 5.0以上的系统中使用。Android 6.0中对该命令进行了一些优化可以得出更加详细的数据。

3）第三方工具或者云测平台。当然，Android系统内部也有一个自带的电量统计，如图7.2所示，可以分别从软件和硬件角度看到耗电百分比。

图7.2　各个应用的耗电

因为电量测试的方法还在不断发展中,包括 Android 提供的 API 也在不断完善中,所以个人建议可以暂时利用第三方工具或云测平台进行电量测试,图 7.3 就是阿里云测提供的数据。

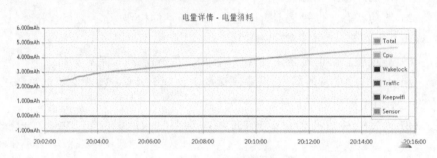

图 7.3　阿里云测电量数据

7.5　移动 APP 兼容性测试

兼容性测试是不少测试工程师的噩梦。在 Web 端的时候为了应对各种浏览器我们曾苦不堪言,而现在面对移动端更是苦上加苦,不仅仅要测试不同的系统版本,还有不同的分辨率,不同的 ROM,简直是"累死宝宝"的节奏。

一般移动 APP 兼容性测试有两大方案。

1) 纯手工测试。

在进行纯手工测试的时候,我经常在 QQ 群里看到有很多朋友问要怎么测试兼容性,系统版本选哪个之类的问题。其实这些问题在我看来如果是一个有多年测试经验的工程师是不应该问的。一般我们都是采用 TOP N 的原则,即选择最流行、使用最多的前几名来进行重点测试。

那么问题来了,怎么知道哪些 Android 设备最流行、使用最多呢？一般通过一些第三方的 APP 应用统计平台都可以获得,比如,友盟。如图 7.4 所示,你可以获得 Android 设备的活跃排名信息。如图 7.5 所示,你可以获得 Android 设备分辨率的活跃排名。有时候灵活、合理地利用第三方数据往往能事半功倍。

2) 依赖一些自动化技术来测试。

这里主要是两点:第一点,自己编写代码完成各个平台的遍历测试并生成图片进行对比,复杂度较高、工作量较大、成本较高;第二点,利用类似云

图 7.4　Android 设备活跃排名

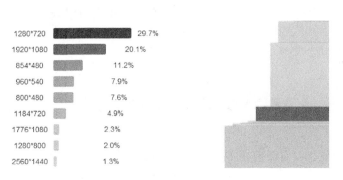

图 7.5　Android 设备分辨率

测的平台来完成,复杂度低,工作量小,成本低。

此处以 Testin 云测平台为例,进行兼容性测试的步骤大致如下。

1) 下载 Testin 提供的测试框架,然后按照要求完成少量的代码即可,这里的代码主要是你自己编写要测试的功能业务。当然,如果你不想编写也可以,直接把 APK 上传,它会自动遍历,由浅到深遍历点击,直至最后一层。

2) 上传已编写好的脚本以及被测 APK。

3) 选择要进行测试的系统版本、设备、分辨率等信息。

4）最后提交，等待测试报告即可。图 7.6 就是最终产生的兼容性测试报告样本。

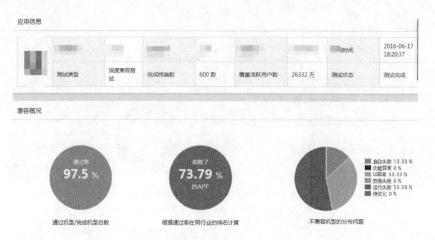

图 7.6　兼容性测试报告

此处展示的只是报告中的一部分，还有更详细的内容，感兴趣的朋友可以自行去官网体验。个人觉得，此种方式相对来说性价比较高，中小型的测试团队可以尝试使用。

7.6　移动 APP 测试工具和云测平台

有时候我们看不起工具，但又不得不臣服于工具。大部分公司既没有时间也没有精力去开发一款测试工具，这时候如果有好用的工具来帮助我们，就如同“雪中送炭”。随着开源热潮的出现，现在越来越多的公司对外发布了很多内部的测试工具，使得很多工程师可以轻松地利用它们来完成测试。本节我们就来介绍几款比较好用的移动 APP 测试工具和云测平台，大家可以尝试在日常工作中体验一下。

7.6.1　常用的移动 APP 测试工具介绍

1. 腾讯 GT（http://gt.qq.com）

它是 APP 的随身调测平台，是直接运行在手机上的“集成调测环境”。

利用 GT,仅凭一部手机,无须连接电脑,即可对 APP 进行快速性能测试
(CPU、内存、流量、电量、帧率/流畅度等)、开发日志的查看、Crash 日志查
看、网络数据包的抓取、APP 内部参数的调试、真机代码耗时统计等。除此
之外,你还可以利用 GT 提供的基础 API 自行开发有特殊功能的 GT 插件,
帮助解决更加复杂的 APP 问题。同时,GT 支持 iOS 和 Android 两种手机
平台。

　　如图 7.7 所示,就是利用 GT 完成了一次简单的流量测试。从图中可以
知道一个业务操作过程中消耗的流量,包括发出请求的流量、收到响应结果
的流量、流量消耗曲线走势。更多使用方法请查看官网。

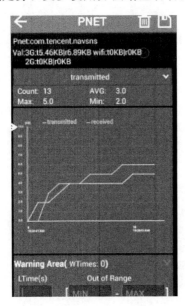

图 7.7　GT 流量测试

2. Emmagee(https://github.com/NetEase/Emmagee)

　　它是网易杭州 QA 团队研发的一款小巧的性能测试工具。可以轻松地
监控指定被测应用在使用过程中占用机器的 CPU、内存、流量资源的使用情
况并记录下来,如图 7.8 所示。该工具给我的感觉就是操作极其简单,没有
任何门槛,并且可以对产生的测试数据通过 Excel 来做成统计图的形式,如
图 7.9 所示。

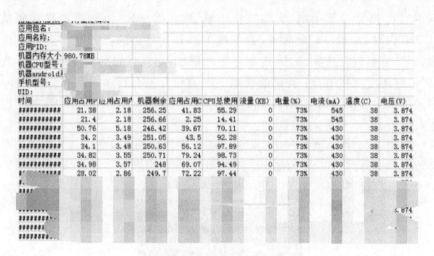

图 7.8　测试结果

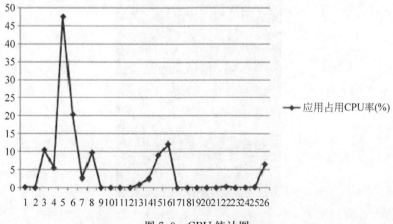

图 7.9　CPU 统计图

3. EasyTest 易测

　　它是阿里出品的一款基于无线客户端研发场景的通用测试工具,它通过在手机上提供各种辅助能力和标准化的专项测试服务来提升研发质量和效率。它可以在手机端完成实时性能数据的监控、弱网环境的模拟、手机抓包、Monkey 测试等,如图 7.10 所示。

　　不仅如此,测试完成之后还可以获取更加详细的测试报告,如图 7.11 所示,简直是方便极了,估计是大部分小白朋友的最爱。

图 7.10　实时监控

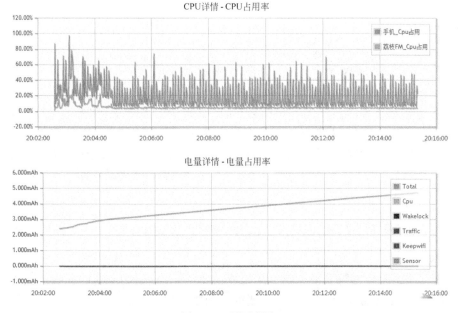

图 7.11　测试报告

这几款是我自己用过的工具,所以可以与大家分享,其他没有用过的工具也不敢多做介绍了。对于移动 APP 测试工具的选择个人觉得要"适时选择"。虽然每类测试的方法都是多种多样的,但并不是每种方法都适用于你现在的处境。如果你现在的测试处境很尴尬,资源有限、人力有限、技术有限,那么选择现成的开源工具或者云测平台就可以,没有必要过分纠结于测试的方法。当然,努力学习更好的、更先进的技术和方法是必需的,我只是强调在实际应用过程中因为环境限制的不同,可能有时候我们别无选择,只能使用某种方法而已。

7.6.2　常见云测平台介绍

　　虽然有很多方法可以进行 APP 的测试,但现实中真没有那么多时间进行全面测试,往往功能测试能全部执行完就不错了。在人力、精力、资源都不够的情况下云测平台可以帮助我们完成其他方面的测试工作了。

　　一般的云测平台基本都可以完成不同终端的功能、兼容适配、性能、稳定、安全方面的测试,并可以产生报告,对于中小型企业、创业公司的测试团队还是比较合适的。

　　比较出名的云测平台有如下几个。
- Testin:http://www.testin.cn。
- 百度 MTC:http://mtc.baidu.com/。
- 阿里云测:http://mqc.aliyun.com/。
- 腾讯优测:http://utest.qq.com/。
- 腾讯 Bugly:https://bugly.qq.com/,可以很好地提供全平台的 Crash 解决方案。

因为云测平台的使用相对来说较为简单,基本都会有提示怎么操作,所以这里就不多做介绍了,大家可以去上面的网址自行查看并体验。

7.7　移动应用基础数据统计方案介绍

　　一款 APP 发布成功之后并不意味着结束,相反是一个新的开始。我们需要对上线后的移动应用进行必要的基础监控和数据统计,原因在于:
- 通过分析流量来源、内容使用、用户属性和行为数据,以便后续利用这些数据进行产品、运营、推广策略的决策以及在后续迭代中优化改进；

- 当出现问题时可以快速响应并解决，最大限度地减小影响。

一般移动应用基础数据监控和统计方案大致有如下几种。

1）第三方标准化的开源、商业产品。比如，Nagios、Zabbix、Ganglia、百度统计、APM等。

2）自主研发的监控收集平台。因为数据保密性的原因，大公司一般都会用自己研发的平台。

这类软件的监控统计原理也是我们必须知道的，一般都是通过在产品代码中打点（埋点）实现。APP启动的同时，相关的打点监控代码也会被执行，然后记录相关的信息并通过接口上报到监控平台。

最常见的应用就是百度统计，使用过的朋友一定知道，要统计网站的一些基本信息时，比如，访问量、来源、入口页面等就需要先到百度统计后台获得一段代码，然后把该段代码插入到页面的某个位置，之后便可得到数据，这个就是最简单的打点（埋点）应用。

此处我们以友盟的 U-App 应用统计产品为例来进行讲解如何在 APP 中进行打点统计，大致的实现步骤如下。

1）在友盟官网注册账号。

2）后台添加新应用，如图7.12所示。按照提示填入必要的信息即可。

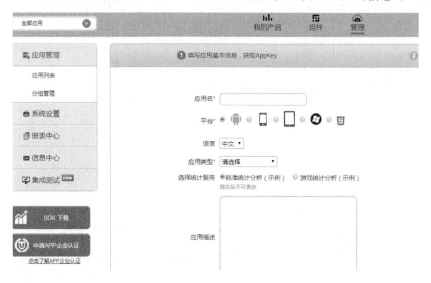

图7.12　添加应用

3）获取 AppKey。

4）下载 SDK 并导入你的 APP 工程中。

5）开始打点（埋点）。主要有以下几个地方需要修改。

- 修改 manifest 的配置，主要是完成权限、AppKey、渠道 id 的配置，在 application 之前加入如下代码。

```
< uses - sdk android:minSdkVersion = "4"></uses - sdk >
< uses - permission android:name = "android.permission.ACCESS_NETWORK_STATE">
</uses - permission >
< uses - permission android:name = "android.permission.ACCESS_WIFI_STATE" />
< uses - permission android:name = "android.permission.INTERNET">
</uses - permission >
< uses - permission android:name = "android.permission.READ_PHONE_STATE">
</uses - permission >
```

在 application 结束之前加入如下代码。

```
< meta - data android:value = "私人 AppKey 就不写了" android:name = "UMENG_
APPKEY">
</meta - data >
< meta - data android:value = "xiaoqiang" android:name = "UMENG_CHANNEL"/>
```

- 在 Activity 中添加对应的代码，即在每个 Activity 的 onResume 方法中调用 MobclickAgent.onResume(Context)即可，类似如下的代码。

```
public void onResume() {
super.onResume();
MobclickAgent.onResume(this);
}

public void onPause() {
super.onPause();
MobclickAgent.onPause(this);
}
```

6）运行 APP 并进行操作。

7）返回后台"我的产品"查看。如图 7.13 所示，可以看到统计 APP 的基本信息，更多信息大家可在后台查看，此处没有把全部截图展示出来。

经过上面的步骤完成一个基本的配置，你仍然可以继续扩展，比如，进行自定义事件的统计、错误的统计等，更复杂的应用可以参考官方指导文档，地址：

图 7.13　统计数据

http://dev.umeng.com/analytics/android – doc/integration＃1。

7.8　本章小结

本章对常见的移动 APP 非功能测试的部分测试点进行讲解,尤其对适用于大部分测试团队的测试方法进行了详细介绍。

个人认为,在移动互联网的未来发展过程中,对后端服务以及 APP 本身的体量优化会越来越重要,其他的重要性会降低,毕竟手机以后的 CPU 会越来越好,内存也会越来越大,所以 APP 对 CPU 和内存的消耗度也可以适当放开了。但使用的人数会不断增加,所以对于后端的服务要求会越来越高。

第8章

前端性能测试精要

第 1 章中多次提到前端性能这个概念,也强调过其重要性。不管网站设计得有多牛,后端有多牛,但对于用户来说全部都是无感知的,用户只关心页面的展现速度,所以我们应该抽出一些精力放到前端。而且现在很多公司的前端团队都在努力做这块的事情。由于测试方面的书籍很少有写前端性能的,所以本章会尽可能详细讲解。当然,因为自己的经验和能力有限,难免有不妥之处,还望大家友好指正。本章的前端性能调优方法同样适用于 H5。

那前端性能的提升能给我们带来什么样的好处呢?从《高性能网站建设指南》一书中得知:80%的最终用户响应时间花在了页面中的组件上,也就是说,如果我们可以将后端的响应时间缩短一半,整体响应时间只能减少5%~10%;而如果关注前端,缩短前端响应时间的一半,那么整体响应时间可以减少 40%~45%。是不是你以前从没想到过呢?

在具体实践以及教学过程中我也发现一个普遍的问题,很多朋友都习惯性地希望得到一个准确的数字,我总觉得这是中国特色教育培养出的结果,总是希望有个标准答案,我也是醉了。不同男生看待同一个女生的时候,有的就会觉得是美女,有的就会觉得一般,每个人眼中的标准都是不一样,有时候我们不能死板地去套标准。

对于前端性能来说也一样,我们的目的不是得到这部分响应时间的准确数据,因为它会被 Web 服务器、浏览器解析机制等诸多因素影响,而是为了推动更好的前端性能,减少总响应时间,每一次的优化都能得到进步,这不就是我们希望的嘛。

8.1 HTTP 协议简介

要学习前端性能必须对 HTTP 协议有所了解,写到这里我的心情又是沉重的,因为我发现很多小白朋友根本不知道 HTTP 协议是啥!

这里简要讲解下 HTTP 协议。HTTP(Hyper Text Transfer Protocol),也叫超文本传输协议,是互联网上应用最为广泛的一种网络协议,也是性能测试中接触最多、最常见的一种协议。设计 HTTP 最初的目的是为了提供一种发布和接受 HTML 页面的方法。通常,由 HTTP 客户端发起一个请求,建立一个到服务器指定端口(默认是 80 端口)的 TCP 连接。HTTP 服务器则在那个端口监听客户端发送过来的请求。一旦收到请求,服务器(向客户端)发回一个状态行,比如"HTTP/1.1 200 OK",和(响应的)消息,消息的消息体可能是请求的文件、错误消息、或者其他一些信息。其中 HTTP 的请求和响应数据结构如图 8.1 所示。

图 8.1 HTTP 请求和响应数据结构

我们在日常工作中经常碰到的响应返回的 200、404 等信息,就是 HTTP 的返回状态码。常见的状态码有如下这些。

- 1××普通消息:这一类型的状态码,代表请求已被接受,需要继续处理。
- 2××处理成功:这一类型的状态码,代表请求已成功被服务器接收并处理。
- 3××重定向:这类状态码代表需要客户端采取进一步的操作才能完成请求。
- 4××请求错误:这类的状态码代表了客户端看起来可能发生了错误,妨碍了服务器的处理。

• 5××服务器错误：这类状态码代表了服务器在处理请求的过程中
  有错误或者异常状态。

更多 HTTP 协议的介绍请自行 Google，或查看网络协议方面的书籍。对于测试工程师来说，至少基本的 HTTP 知识是一定要知道的。

8.2 HTTP 请求和响应的过程

一个较为完整的 HTTP 的请求和响应过程大致是这样子的：客户端发出请求，经过网络、中间层等处理最终从服务器端获取到数据，然后再返回给客户端，客户端接收到之后进行处理、渲染并展现给用户。具体的过程如图 8.2 所示，我相信很多朋友从来没有通过画图理解 HTTP 请求和响应的过程，没有这条主线很难理解前端性能的优化。

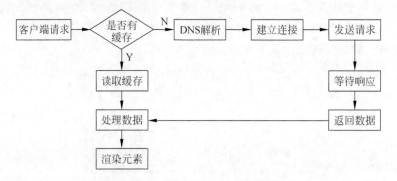

图 8.2　HTTP 请求和响应的过程

从图中我们也可以看到，如果有缓存则不会再向服务器端获取数据，而是利用本地缓存直接进行处理和渲染了。

了解 HTTP 请求和响应的过程有助于分析如何优化前端性能，因为你可以知道它的整体流向和关键的转折点，后续针对关键点进行优化即可。

8.3 前端性能优化方法

前端性能优化的方法很多，鉴于自己的经验有限，不可能全部都讲到，这里重点介绍之前项目中使用到的一些优化方法，更多内容请参考附录中提供的学习资料。

8.3.1　减少 HTTP 请求数

　　减少 HTTP 请求的数量可以较好地提升性能。可能有朋友会觉得如果用长连接就不需要担心这个问题了，其实不对。首先，短连接情况下，每个请求都要经历建立连接、发送请求、等待响应、断掉连接的过程，这时候减少 HTTP 请求数是十分必要的；其次，即使你使用长连接，浏览器和服务器之间建立的连接数也是有限的，不可能让你无限使用。

　　常用的减少 HTTP 请求数的方法有如下几种。

1．合并图片

　　当图片比较多的时候，可以合并为一张大图，从而减少 HTTP 请求数。当然，图片是否能进行合并要根据实际情况来决定，比如，经常变化的可能就不太适合，变化相对稳定的就可以考虑。

　　合并成大图除了能减少 HTTP 请求数外，还可以充分利用缓存来提升性能。合并大图一般使用 CSS Sprites 技术来做处理。图 8.3 相信大家非常熟悉，它就是我们天天接触的 QQ 聊天表情。QQ 聊天中的表情在鼠标没有经过的时候，都是从一张图片上绝对定位出来的，只有在鼠标放到某一张表情上时，才会从服务器上下载图片，这样就达到了减少 HTTP 请求数和下载量的目的。

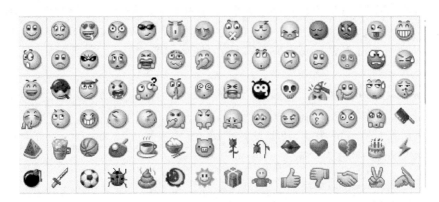

图 8.3　QQ 聊天表情

2. 合并压缩 CSS 样式表和 JS 脚本

了解了合并图片之后再来理解合并 CSS 样式表和 JS 脚本就非常容易了,它们的共同目的都是为了减少 HTTP 请求数。也许我们在学性能测试和自动化测试的时候会比较看重拆分的思想,不断地解耦,而这里却恰恰相反,所以技术这个东西其实很神奇,不经意间就会给你带来意想不到的"惊喜"。

常用的合并压缩 CSS 样式表和 JS 脚本的工具有 Minify、YUI Compressor 等。

3. 去掉不必要的请求

有时候开发人员在写代码或者系统升级之后会残留不少无效的请求连接,这些无效连接对页面并没有实际作用,其实都是废弃的连接,但如果没有剔除,它还是会跟随页面的打开进行请求的,从而也增加了 HTTP 的请求数。至于哪些是无效的连接请求可以通过 Firebug 等工具查看,我们会在后续的章节中进行详细讲解。

4. 充分利用缓存

我们这里说的缓存是客户端侧缓存,你也可以理解为是浏览器的缓存,还有一种是服务器端侧缓存,比如,Memcache 等,它不在我们的讨论范围内。Expires 头信息是客户端侧缓存的重要依据,格式类似 Expires:sun,20 Dec 2015 23:00:00 GMT。如果当前时间小于 Expires 指定的时间,浏览器就会从缓存中直接获取相关的数据信息或 HTML 文件,如果当前时间大于 Expires 指定的时间,浏览器会向服务器发送请求来获取相关数据信息。

所以以后在开发时要注意别忘记 Expires 头信息的添加,除此之外对于能够缓存的元素要提取出来统一处理,保证 URI 的一致。

此处以 Apache 为例,想要设置 Expires 需要修改 Apache 的配置文件 httpd.conf,详见以下代码。

```
＃去掉本代码前面的注释
LoadModule expires_module modules/mod_expires.so
＃以下是设置各种资源的过期时间
<IfModule expires_module>
```

```
ExpiresActive On
ExpiresDefault "access plus 12 month"
ExpiresByType text/html "access plus 12 months"
ExpiresByType text/css "access plus 12 month"
ExpiresByType text/javascript "access plus 1 year"
ExpiresByType image/gif "access plus 12 month"
ExpiresByType image/jpeg "access plus 12 month"
ExpiresByType image/ico "access plus 12 month"
ExpiresByType image/jpg "access plus 12 months"
ExpiresByType image/png "access plus 12 months"
ExpiresByType application/x-javascript "access plus 12 month"
ExpiresByType application/x-shockwave-flash "access plus 12 month"
ExpiresByType application/javascript "access plus 1 year"
ExpiresByType video/x-flv "access plus 12 months"
</IfModule>
```

设置完成后，重启 Apache 即可生效。

8.3.2　图片优化

　　图片的优化也是非常重要的，现在的网站都充斥着大量的图片，所以图片的展现体验直接影响用户的体验。除了在 8.3.1 节中讲过的合并成大图外，图片还有其他的优化方法。常见的图片优化方法有如下几种。

　　1）尽可能地使用 PNG 格式的图片，它相对来说体积较小。

　　2）对于不同的图片格式，在上线之前最好进行一定的优化。比如，PNG格式的图片可以使用 Pngcrush 来优化，JPG 格式的图片可以使用 Jpgtran来优化，GIF 格式的图片可以使用 Gifsicle 来优化。

　　3）图片的延迟加载，也叫作赖加载。当我们访问一个有大量图片的页面时，第一屏看的图片可能都会很快加载出来，如果你不往下滚动屏幕，那么下面的图片就不会加载出来，当你往下滚动的时候它才会随之加载。这样就避免了访问存在大量图片的页面时，一次性加载太多图片而导致页面的展现速度过慢，影响用户体验。

　　当然，还有很多其他的优化方法，这里我们就不展开说了。图片的优化还有一个重要的目的就是减少传输量，毕竟传输一张大图和传输一张小图，在效率上来说还是有差别的。

8.3.3　使用 CDN

从百度百科上可以得知：CDN 的全称是 Content Delivery Network，即内容分发网络。它的基本思路是尽可能避开互联网上有可能影响数据传输速度和稳定性的瓶颈和环节，使内容传输得更快、更稳定。通过在网络各处放置节点服务器所构成的在现有的互联网基础之上的一层智能虚拟网络，CDN 系统能够实时地根据网络流量和各节点的连接、负载状况以及到用户的距离和响应时间等综合信息，将用户的请求重新导向离用户最近的服务节点上。其目的是使用户可就近取得所需内容，解决 Internet 网络拥挤的状况，提高用户访问网站的响应速度。

总结一句话：CDN 就是让用户到离他最近的服务节点上获取数据，从而提升网站的响应速度。CDN 主要用于发布静态内容，比如，图片、JS、CSS、Flash 等。

中国现在有三大运营商：联通、移动、电信，他们之间并没有很好的网络通信机制，因此分布在这三个不同运营商下的用户相互访问时就有可能出现网络不好的情况，为了提升用户体验和前端性能，很多公司都开始购买和部署 CDN 服务节点了，这也是顺其自然的事情。

8.3.4　开启 GZIP

GZIP 大家理解为压缩即可，这也是现在使用最普遍的数据压缩格式，用于压缩使用 Internet 传输的所有文本类资源，比如 HTML，CSS，JS 等。开启 GZIP 所带来的效果也是很显著的，像大家利用 QQ 传送大文件的时候，明显会感觉压缩之后的传送速度会快于压缩之前。

开启 GZIP 的方法也很简单，到对应的 Web 服务配置文件中设置一下即可，此处以 Apache 为例，在配置文件 httpd. conf 中添加如下的代码。

```
#去掉以下三个 LoadModule 代码前面的注释
LoadModule deflate_module modules/mod_deflate.so
LoadModule headers_module modules/mod_headers.so
LoadModule deflate_module modules/mod_deflate.so
< IfModule mod_deflate.c >
#压缩级别,不要设置太高,否则会占用太多的 CPU
DeflateCompressionLevel 7
```

```
AddOutputFilterByType DEFLATE text/html text/plain text/xml application/x -
httpd - php
AddOutputFilter DEFLATE css js
</IfModule>
```

配置完成后重启服务就可以生效了，如果想验证一下，可以通过
Firebug 等工具查看请求和响应。如果请求头内包含"Accept-Encoding：
gzip,deflate,sdch"，表示当前请求支持的压缩格式；如果响应头内包含
"Content-Encoding：gzip"，表示响应内容已经进行了 GZIP 压缩。

8.3.5　样式表和 JS 文件的优化

除了之前提到的对于 CSS 样式表和 JS 脚本的合并压缩外，对于它们在
页面中的存放位置也是有讲究的。一般我们会把 CSS 样式表文件放到页面
的头部。比如，放在< head >标签中，这样可以让 CSS 样式表尽早地完成下
载，浏览器也尽快地进行开始绘制和显示页面元素。

那为什么不建议放到页面的尾部呢？因为浏览器的加载是有序的，从
上而下的，如果把 CSS 样式表放在页面底部就有可能在浏览器中暂停内容
的有序加载，从而会增加空白页面的产生概率。

对于 JS 脚本文件，一般我们把它放到页面的尾部。将 JS 脚本文件放到
页面尾部的好处就是：可以使得页面的其他元素尽快显示，让 JS 脚本文件
的下载和执行"悄无声息"地进行。比如，我们打开一个首页可以快速地看
到页面的所有内容，至少从感官上而言我们会觉得不错。这样的话即使最
后在下载和执行 JS 脚本文件时有了错误，只要用户不去主动触发也不会太
影响用户。

但是有些时候把所有 JS 脚本移到页面尾部可能也不太容易。比如，如
果脚本中使用了 document. write 来写入页面内容，它就不能被放到页面尾
部了。所以，在真正优化的时候我们要综合考虑，不一定非得把所有 JS 脚本
都调整到最优，只要让综合性能达到预期便可。

8.3.6　使用无 cookie 域名

首先来看下无 cookie 域名的概念：当发送一个请求的时候，同时还要请
求一张静态的图片和发送 cookie 时，服务器对于这些 cookie 不会做任何使

用,也就是说这些 cookie 没有什么用,没必要随请求一同发送。比如,大家熟知的聚美优品网站,以前在访问首页时候的请求类似图 8.4(因为当时我并没有保留截图,所以这里以本地的示例程序做说明),一些静态资源的路径都是存放在主路径下的。这样就有可能造成我们上面说的现象。

⊞ GET weixin.png	200 OK	localhost
⊞ GET logo.gif	200 OK	localhost
⊞ http://localhost/xiaoqiangshop/themes/ecmoban_zsxn/images/snow.jpg		

图 8.4　旧网站的访问请求

那我们如何解决这样的问题呢? 你可以创建一个子域名并用它来存放所有静态内容。

如果你的域名是 www. xiaoqiang. com,你可以在 static. xiaoqiang. com 上存放静态内容。但是,如果你不是在 www. xiaoqiang. com 上而是在顶级域名 xiaoqiang. com 上设置了 cookie,那么即使你使用 static. xiaoqiang. com,cookie 仍然会随同请求一起发送,这时候你需要再重新购买一个新的域名来存放静态内容了。图 8.5 是聚美优品网站现在请求的抓取,可以看到他们就是把静态内容放到了一个新域名上的。

⊞ GET header_newicon1.png	200 OK	a3.jmstatic.com
⊞ GET header_sprites1.png	200 OK	a3.jmstatic.com
⊞ GET logo_new_v1.jpg	200 OK	p0.jmstatic.com
⊞ GET nav_new_line.jpg	200 OK	a0.jmstatic.com
⊞ GET popheadarrow01.png	200 OK	a3.jmstatic.com
⊞ GET 575e1acd55c1d_1920_539	200 OK	p12.jmstatic.com

图 8.5　新网站的访问请求

8.3.7　前端代码结构优化

上面对于前端性能的优化方法都是侧重于页面元素、布局等方面的,并没有提及前端代码结构的内容。其实优化前端代码的结构也是非常重要的,尤其是在高流量的访问量下。这里体现了一个重要的思想:接口拆分!

以某网站的查询机票业务为例,一般我们看到的页面是这个样子的,如图 8.6 所示。

在抢票的时候我们就会频繁地进行航班信息查询、价格以及排序等操作。以其中的低价计算逻辑为例,如果低价计算接口是在前端完成计算并

| 起飞时间 ▾ | 航空公司 ▾ | 舱位 ▾ | 机型 ▾ | □ 直飞 | | | | | |

航班信息	起飞时间↑	旅行总时长	降落时间	准点率/平均延时	推荐		最低报价↑
首都航空 JD5119 空客320(中) 酒	06:45 首都机场T1	5小时40分钟 经 呼和浩特	12:25 地窝堡机场T1	91% 20分钟	商旅优选 ¥1257	4.6折	¥**1217** 订 票 ▾
山东航空 SC1293 波音737(中) 共享	07:30 首都机场T3	4小时10分钟	11:40 地窝堡机场T2	92% 7分钟		6.3折	¥**1662** 订 票 ▾

图 8.6　查询机票业务

展现给用户的话,对于前端的性能是有较大影响的。

通常的解决方法是:计算的逻辑放到后端进行,前端只负责展现,同时对后端提供数据的接口进行拆分,不要都挤到一个接口里。比如,在本业务中就可以大致拆分为提供航班概要信息的接口、最低价的接口、航班详细信息的接口等。毕竟前端需要展示的东西太多了,如果你再把大量的计算都交给前端去完成,肯定会对前端性能产生不小的影响,计算这种"又重又累"的活就应该给后端去完成。

8.3.8　其他优化方法

正如本章开始所说,前端性能的优化方法很多,在做具体优化时一定要和前端开发工程师多沟通,多学习。最后我把剩余的一些优化方法做个简单总结,包括但不限于如下这些方法。

1) 避免 CSS@import。它可能会带来一些影响页面加载速度的问题。可以到 http://www.feedthebot.com/tools/css-delivery/ 来检测你当前页面是否有 CSS @import。

2) 优化 DNS 查找。比如,设置 Apache 的 httpd.conf 配置文件中的 HostnameLookups 为 off,从而减少 DNS 查询次数。

3) 移除重复脚本。

4) 合理使用 ETag。在不知道它是否能给你带来正面影响的时候,建议关闭。

5) Favicon.ico 一定不能忘。它是每个网站的必备 ICON。

6) 避免非 200 的返回。比如,404 这样的返回,会导致一次无意义的请求,并耗费了网络资源。

8.4　常用前端性能测试工具

前面几节中我们了解了前端性能的一些知识,也知道了通过哪些方法来提升前端性能,这节我们就来看看哪些工具可以帮助我们来测试和分析前端性能。

一般常用的工具有 Firebug、Chrome 开发者工具、HttpWatch、Yslow、PageSpeed 等。另外,随着前端性能的发展,也涌现出了很多可以在线进行前端性能测试的服务,比如,阿里测、Gtmetrix 等。下面我们就对这些工具做详细地讲解。

8.4.1　Firebug

Firebug 是火狐浏览器下的一个扩展插件,要使用 Firebug 的前提是必须安装火狐浏览器。Firebug 的功能十分强大,通过控制台面板可以方便地观察错误、调试信息等;通过 HTML 面板可以看到页面的 HTML 信息,并可以实时编辑看到效果,也是前端调试的利器;通过 CSS 面板可查看所有的 CSS 定义信息,同时也可以通过双击来达到修改页面样式的效果;通过脚本面板可以进行单步调试、断点设置、变量查看等功能,同时通过右边的监控功能来实现脚本运行时间的查看和统计;通过 DOM 面板可以查看页面 DOM 信息,并可双击来实现 DOM 节点属性或值的修改;通过网络面板可以清楚地看到一个页面的所有请求以及对应响应的详细信息。此处我们以测试工程师最常用的网络面板为例进行讲解。

Firebug 的安装过程不再详述,安装好火狐浏览器后通过插件的方式安装 Firebug 即可(本处使用的是火狐浏览器 35 版本),之后按键盘上的 F12 键即可打开 Firebug,如图 8.7 所示。

图 8.7　Firebug 网络面板

单击"网络"标签,选择"启用"网络面板即可正常使用。之后在浏览器地址栏中输入小强的博客地址 http://xqtesting.blog.51cto.com 并访问,这时候你可以看到网络面板上显示了本次访问的所有请求,如图 8.8 所示。

图 8.8　访问小强博客的请求

通过网络面板显示的请求信息我们可以清楚地观察到每个请求的地址、响应状态码、域名、返回内容的大小、远程 IP、时间线等信息。如果想查看某个请求的具体信息,单击前面的"＋"号即可展开,如图 8.9 所示。可以看到详细的请求和响应信息。有时候我们如果想看一个表单在提交时发送了哪些参数字段,也可以使用此方法。

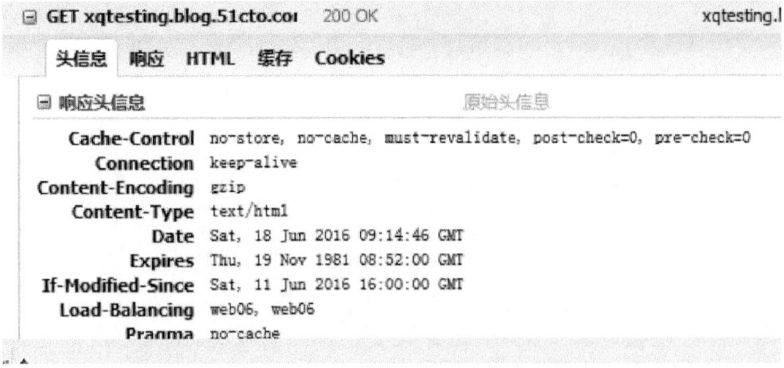

图 8.9　请求的详细信息

在网络面板中滑动到最底部可以看到总共的请求数、总大小以及耗时等信息,方便我们获得当前页面的性能状况,如图 8.10 所示。从图中我们可以看出来一共有 88 个请求,总大小为 604.7KB,其中 561.6KB 来自缓存,耗时 4.99 秒。

图 8.10　概要信息

8.4.2　利用 Chrome 测试移动端网页性能

随着移动端业务的增长,现在对于移动端网页的测试需求也越来越多,这里所指的移动端网页主要是手机浏览器以及 M 站。本节将介绍如何利用 Chrome 来完成移动端网页的测试,希望能给大家提供一点思路。

Chrome 是一个由 Google(谷歌)公司开发的网页浏览器,不易崩溃、速度较快、自带调试工具强大。启动 Chrome 浏览器后,按键盘上的 F12 键即可打开开发者工具,单击 Network 面板,在浏览器地址栏中输入小强的博客地址 http://xqtesting. blog. 51cto. com 并访问,得到的结果如图 8.11 所示。

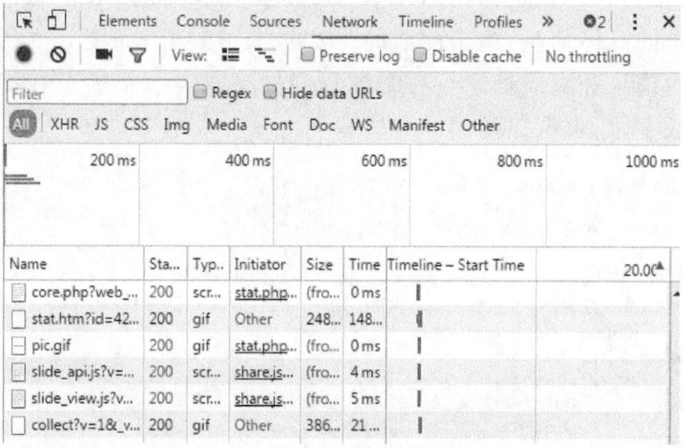

图 8.11　Chrome 的 Network 面板

它的结构基本和 Firebug 的网络面板类似,单击某个请求也可以看到具体的信息,滚动到面板底部可以看到总请求数、页面大小以及耗时等信息。使用方法同 Firebug,此处不再讲述。

新版的 Chrome 还有一个重要的功能:Chrome Mobile Emulation,如图 8.12 所示。

该功能可以在 PC 端帮助我们模拟移动浏览器从而轻松地完成测试和调试,其中提供了多种终端设备的模拟,并可以及时调整分辨率、像素比例等,还可以通过 Emulation 标签中的内容模拟触摸、定位等,可谓足够的强大,如图 8.13 所示。

图 8.12　Chrome Mobile Emulation

Settings　　Emulated Devices

Preferences　　Add custom device...

Workspace

Blackboxing　　☐ BlackBerry Z30

Devices　　☐ Blackberry PlayBook

Throttling　　☐ Galaxy Note 3

Shortcuts　　☐ Galaxy Note II

☐ Galaxy S III

☐ Kindle Fire HDX

☐ LG Optimus L70

☐ Laptop with HiDPI screen

☐ Laptop with MDPI screen

图 8.13　Emulated Devices

上面说了这么多,到底怎么来测试移动端的网页呢?其实很简单,主要依赖 ChromeADB 以及 Chrome 浏览器。大致实现步骤如下。

1) 本机上安装 Chrome 浏览器,并安装 ADB 插件。此处安装可能需要翻墙。

2) 手机上安装移动端 Chrome 浏览器，并访问任意页面，比如，我的博客地址。

3) 在本机的 Chrome 浏览器中打开该 URL 页面：chrome://inspect/♯devices，这时就可以看到在手机上的 Chrome 浏览器中的页面了。

4) 单击 inspect 按钮可以打开 Chrome 开发者工具，使用方式和在 PC 端一样。

5) 配合 PageSpeed 使用，可以轻松分析移动端页面的性能。

Chrome 还有很多强大的功能，感兴趣的朋友可以自行研究。但是，这里需要提醒大家：不论是性能测试还是自动化测试，更关键的还是对于数据的分析，只有对数据进行了合理的分析才能得到有价值的解决方案。而对于数据分析这块，又需要我们有比较广的知识体系做支撑。

8.4.3　HttpWatch

HttpWatch 是强大的网页数据分析工具，目前可以集成到 IE 和火狐中，它现在有两个版本，免费版本和商业版本，此处使用的是免费版本也就是 Basic 版本。

它的操作和 Firebug 类似，安装成功后，单击工具菜单下的 HttpWatch 即可启动，之后点击面板中的小红点就可以开始录制请求了。如图 8.14 所示，录制的是访问小强博客地址 http://xqtesting.blog.51cto.com 的请求过程，录制完成后停止即可。

图 8.14　HttpWatch 录制访问请求

因为具体的使用方法同 Firebug，所以此处不再讲述，感兴趣的朋友也可以看官网的教程，地址是 http://help.httpwatch.com/♯introduction.html。

HttpWatch 还有一个非常强大的扩展功能，就是可以利用它提供的 Automation API 来自定义你要监控和分析的页面，并生成报告。目前支持 VB、Ruby、C++ 的语言。官方提供的 HttpWatch Automation Architecture

如图 8.15 所示。具体的 API 用法可以到官网查看,地址是 http://apihelp. httpwatch. com/♯Automation%20Overview. html。

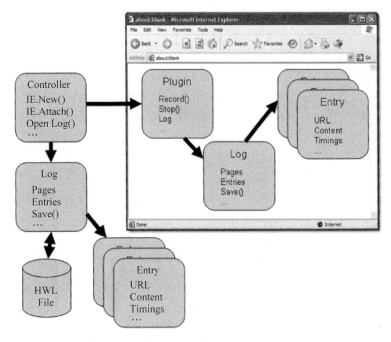

图 8.15　HttpWatch Automation Architecture

我们这里用 Ruby 语言来给大家简单说下如何通过 HttpWatch 的 API 完成某个页面的录制并保存结果。具体的解释和实现见如下代码。

```
♯关闭过滤器
plugin. Log. EnableFilter(false)
♯清空 HttpWatch Log
plugin. Clear( )
♯开始录制
plugin. Record( )
♯定义一个 URL
myUrl = 'http://xqtesting. blog. 51cto. com'
♯访问 URL
plugin. GotoUrl( myUrl )
♯等待页面全部加载完毕后返回
control. Wait( plugin, -1 )
♯保存为 hwl 文件(HttpWatch 可识别的 Log)
plugin. Log. Save('c:\\xiaoqiang\\mylogfile. hwl')
```

当然,上面的代码只是一个最简单的应用,如果你想封装成为一个框架的话还需要做很多事情,比如,选用一种语言来封装,封装之后的报告生成等。图 8.16 所示是我早期使用 Ruby 语言封装的一个前端性能测试框架,

图 8.16　PagePerf

可以遍历所有指定的 URL 并记录日志和产生报告。

　　因为代码有点岁月的痕迹了就没有展示出来,但设计的思想是不变的。基本思路为:
- cases 文件里存放要测试的用例;
- libs 文件里存放一些公共的函数文件;
- source 文件里当然是放源码了;
- reports 文件里存放测试报告;
- logs 文件里记录测试执行时的日志;
- test files 文件里是后续和 YSlow、ShowSlow 的集成,用于更自动化地执行以及友好地展示测试报告。

关于 YSlow 和 ShowSlow 的内容将在后续章节中进行详细介绍。

8.4.4　YSlow

　　YSlow 是基于 Firebug 的一个分析插件,可以帮助我们分析页面的性能并给出建议,是进行前端性能测试中常用的工具之一。这里需要注意的是 YSlow 插件不支持太高版本的火狐,这里使用的火狐版本为 35。下面我们以小强的博客 http://xqtesting.blog.51cto.com 为例来看看怎么使用 YSlow 分析页面。

　　启动 Firefox,打开 Firebug,切换到 YSlow 面板,在浏览器地址栏输入小强的博客地址并进行访问,之后单击 YSlow 面板中的 Run Test 按钮,得到的结果如图 8.17 所示。

　　图 8.17 中的分析建议报告大概由以下几部分组成。

　　1) Grade 评级:通过 YSlow 默认的 23 项性能测试规则(YSlow V2)对网页测试后,给出网页运行等级评定。等级为 A-F,其中 A 等级最高。此处为 C,总体评级还可以。

　　2) 具体的分析建议:如图 8.18 所示,它从各个考核的指标中给出每个指标的评级以及优化建议,其中重要的考核指标解释在 8.3 节中已经讲解过,此处不再讲述。

Home | Grade | Components | Statistics | Tools

Grade ☺ Overall performance score 72　Ruleset applied: YSlow(V2)　URL: http://xqtesting.blog.51cto.com/

ALL (23)　FILTER BY:　CONTENT (6) | COOKIE (2) | CSS (6) | IMAGES (2) | JAVASCRIPT (4) | SERVER (6)

F	Make fewer HTTP requests	**Grade F on Make fewer HTTP requests**
F	Use a Content Delivery Network (CDN)	This page has 24 external Javascript scripts. Try combining them in...
A	Avoid empty src or href	This page has 5 external stylesheets. Try combining them into one...
F	Add Expires headers	This page has 12 external background images. Try combining them...
D	Compress components with gzip	Decreasing the number of components on a page reduces the num...
B	Put CSS at top	ways to reduce the number of components include: combine files, c...
E	Put JavaScript at bottom	and use CSS Sprites and image maps.
		»Read More

图 8.17　小强博客页面分析

F	Make fewer HTTP requests
F	Use a Content Delivery Network (CDN)
A	Avoid empty src or href
F	Add Expires headers
D	Compress components with gzip
B	Put CSS at top
E	Put JavaScript at bottom
B	Avoid CSS expressions
n/a	Make JavaScript and CSS external
F	Reduce DNS lookups
B	Minify JavaScript and CSS
A	Avoid URL redirects

图 8.18　具体的分析建议

3）Components 组件：显示了图片、脚本、CSS 等组件的相关信息，双击组件名称可以展开，查看详细信息，如图 8.19 所示。

Components　The page has a total of **75** components and a total weight of **626.3K** bytes

↕ TYPE	SIZE (KB)	GZIP (KB)	COOKIE RECEIVED (bytes)	COOKIE SENT (bytes)	HEADERS	URL	EXPIRES (Y/M/D)	RESPONSE TIME (ms)
⊞ doc (1)	43.2K							
⊟ js (25)	278.7K							
js	27.5K	11.4K			℗	http://www.google-analytics.com/analytics.js	2016/6/18	349
js	123.9K	34.7K			℗	http://a.yunshipei.com/ac0ecd4968d76dbea8b9a1a0f28c176f/allmobilize.min.js	no expires	121

图 8.19　组件信息

4）Statistics 统计：显示了在无缓存和有缓存的两种情况下，页面打开的信息情况，如图 8.20 所示。不论从请求数还是总体的大小而言，缓存的合理使用可以大大提升页面性能。

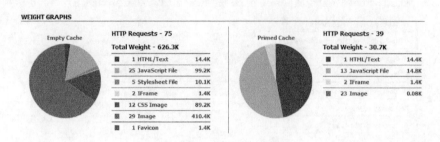

图 8.20　Statistics 统计

5）Tools 工具：这个是 YSlow 提供的一些较为实用的辅助工具，主要是对 JS、CSS、图片进行优化的，大家可以自行尝试。

通过上面的分析我们基本可以知道该页面的前端性能如何了。此处的小强博客评级为 C，表现较好，但从给出的建议来看，仍有很大改进空间，可以尝试从减少 HTTP 请求数、使用 CDN、增加 Expires Headers、减少 DNSLookups 以及调整 JS 的位置等方面来进行优化。

8.4.5　PageSpeed

PageSpeed 是 Google 推出的一款页面分析工具，现在已经被独立出来，使用方法以及功能和 YSlow 类似。我们仍然以小强的博客为例，用 PageSpeed 来测试一下，大致步骤如下。

1）浏览器访问地址：https://developers.google.com/speed/pagespeed/。

2）在访问后的页面中单击 RUN INSIGHTS 按钮，进入测试页面后输入要测试的网址：http://xqtesting.blog.51cto.com，单击"分析"按钮后稍等片刻就可以看到测试结果了，如图 8.21 所示。

从图 8.21 中可以看出 PageSpeed 对测试结果提供了在移动设备和桌面设备时的表现，必须为此点个赞了，而且它显示的是中文，这个对于绝大多数小白朋友来说绝对是一件兴奋的事情，同时 PageSpeed 还有一个 YSlow 没有的特点，那就是它能够告诉你一张图片优化前和优化后的效果对比，如图 8.22 所示。

http://xqtesting.blog.51cto.com/
移动设备
桌面设备
62 / 100 网页加速
应当修复：
清除首屏内容中阻止呈现的 JavaScript 和 CSS
显示解决问题的方法
考虑修复：
使用浏览器缓存
显示解决问题的方法
缩短服务器响应时间
显示解决问题的方法

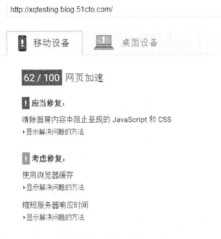

图 8.21 PageSpeed

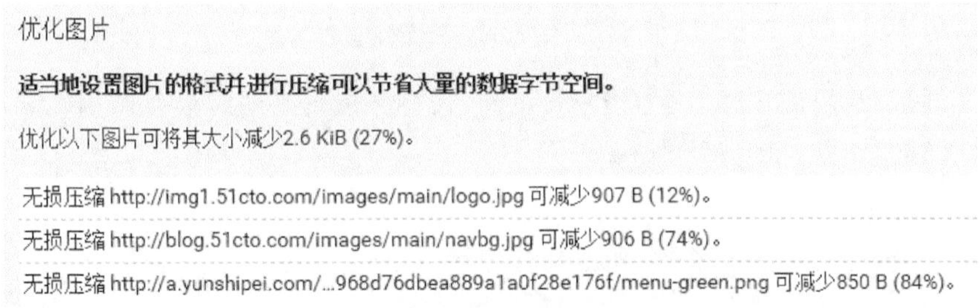

优化图片
适当地设置图片的格式并进行压缩可以节省大量的数据字节空间。
优化以下图片可将其大小减少2.6 KiB (27%)。
无损压缩 http://img1.51cto.com/images/main/logo.jpg 可减少907 B (12%)。
无损压缩 http://blog.51cto.com/images/main/navbg.jpg 可减少906 B (74%)。
无损压缩 http://a.yunshipei.com/...968d76dbea889a1a0f28e176f/menu-green.png 可减少850 B (84%)。

图 8.22 图片优化前后的对比效果

你以为这样就完了吗？Google 的强大我们怎么能忽视呢！PageSpeed 还能集成到你的 Apache 和 Nginx 中，并自动分析你的网站。如果再配合 Google Analytics 就能够得到更为强大、完整的监控和报告，如图 8.23 所示。

8.4.6 埋点测试

有时候我们想知道页面中某个函数的执行时间，或者想知道某个点从页面开始到解析完成的耗时都可以通过在代码中埋点进行测试。基本的思路是在被测点开始之前计时，在被测点执行完成之后计时，然后两个计时相减即可。

图 8.23　PageSpeed 集成报告

假设我们现在有一个 HTML 页面,在打开该页面的时候就调用 add 函数来完成计算。HTML 代码如下。

```
<html>
<head><title>小强我爱你,嘿嘿</title></head>
<!-- 演示代码 -->
<script type="text/javascript">
function add(count)
{
    var t = 0;
    for(var i = 0; i < count; i++)
        t++;
}
</script>
<!-- 页面一打开就调用 add 函数 -->
<body onload="add(1000000)">
</body>
</html>
```

我们想看看 add 函数调用所需要的耗时,就可以在 body 之前和之后各埋一个计时点,然后用得到的计时点的时间相减就是耗时。埋点之后的代码如下(加粗部分就是埋点的代码)。

```html
<html>
<head><title>小强我爱你,嘿嘿</title></head>
<!-- 演示代码 -->
<script type = "text/javascript">
function add(count)
{
    var t = 0;
    for(var i = 0; i<count; i++)
        t++;
}
</script>
<!-- 埋点,开始计时 -->
<script type = "text/javascript">
var start_time = new Date().getTime();
</script>
<!-- 页面一打开就调用 add 函数 -->
<body onload = "add(1000000)">
</body>
<!-- 页面加载完毕后停止计时,并打印出来耗时 -->
<script type = "text/javascript">
var end_time = new Date().getTime();
time = end_time - start_time;
alert("耗时: " + time);
</script>
</html>
```

运行结果如图 8.24 所示。

图 8.24　埋点运行结果

当然,这个只是最基本的用法,你也可以配合 PhantomJS 来使用。如果有需要可以把计算耗时封装为一个函数,提取出来作为一个单独的 JS,在需要的时候引入即可,还可以把需要统计的信息返回给服务器,然后服务器上写一个脚本来做特殊处理,扩展方式还是比较灵活的。希望能给大家提供一些思路。

8.4.7　基于 ShowSlow 的前端性能测试监控体系

ShowSlow 是开源的前端性能监控系统,它可以和 YSlow、PageSpeed API、WebPageTest、NetExport 等工具进行集成,搜集前端数据并产生报告。因为之前已经讲解过 YSlow 的使用了,相对来说比较熟悉,所以这里我们利用 YSlow 来测试页面,然后把测试数据上报给 ShowSlow 进行汇总展示,大致步骤如下。

1) 保证火狐中的 YSlow 可以正常使用,参考 8.4.4 节中的内容。

2) 在火狐浏览器地址栏中输入 about:config,进入配置页面修改如下三项的值为(修改完成后要重启浏览器才可生效):

- extensions. yslow. beaconUrl＝http://localhost/showslow/beacon/yslow/
- extensions. yslow. beaconInfo ＝ grade
- extensions. yslow. optinBeacon ＝ true

3) 本地安装一个 WAMP 集成环境,我这里使用的是 VertrigoServer。

4) 在 MySQL 中创建一个数据库用来存放 ShowSlow 的相关数据,创建数据库的 SQL 语句为: create database showslow;。

5) 下载 ShowSlow 最新版,地址: https://github.com/sergeychernyshev/showslow/releases。

6) 解压 ShowSlow 到 WAMP 集成环境中的 www 目录下。

7) 进入 ShowSlow 中,修改 config. sample. php 为 config. php,并修改文件中的内容,如图 8.25 所示。

```
# Database connection information
$db = 'showslow';
$user = 'root';
$pass = 'vertrigo';
$host = 'localhost';
$port = 3306;
```

图 8.25　ShowSlow 配置文件

8) 在浏览器中运行 http://localhost/showslow/dbupgrade. php,完成数据库中对应表的初始化信息后才可以收集数据并展示。

9）打开 YSlow 并访问小强的博客地址：http://xqtesting.blog.51cto.com，然后切换到 ShowSlow 地址：http://localhost/showslow，查看数据，结果如图 8.26 所示。单击对应的 URL 可以看到更详细的信息，如图 8.27 所示。

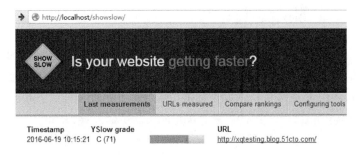

图 8.26　ShowSlow 概要结果

图 8.27　ShowSlow 详细结果

如果你想做得更加自动化一点，还可以进行这样的改进：设置 YSlow 为每打开一个页面就自动运行测试，然后使用脚本来完成页面的遍历访问，最后把测试数据上报给 ShowSlow 进行汇总显示,这样就更完美了。

更多用法可以参考 ShowSlow 官网:http://www.showslow.com/。

8.4.8　基于 YSlow 和 Jenkins 的前端性能测试监控体系

在 8.4.7 节中我们讲解了如何基于 ShowSlow 和 YSlow 来构建前端性能监控体系,但并未和现在非常流行的持续集成做整合。本节将讲解如何基于 YSlow 和 Jenkins 来进行前端性能的持续集成。这里涉及以下几个概念。

- PhantomJS:一个基于 WebKit 的服务器端 JavaScript API。它不需要浏览器支持就可以访问 Web 系统。原生支持各种 Web 标准。PhantomJS 可以用于页面自动化、网络监测、网页截屏以及无界面测试等。
- YSlow.js:一个通过命令行方式来测试指定 URL 页面的性能 JavaScript。同时支持利用 PhantomJS 来产生 TAP 和 JUnit 格式的报告。
- Jenkins:现在非常流行的持续集成软件,能实施监控集成中存在的错误,提供详细的日志文件和提醒功能,还能用图表的形式形象地展示项目构建的趋势和稳定性。它的插件库也非常丰富,我们可以利用它的插件库来轻松完成很多事情。

了解了这些基础知识之后,我们来讲解下如何构建这样的一个持续集成监控系统。大致实现步骤如下。

1) 安装好 JDK。

2) 安装好 Jenkins(环境为 Linux)。

3) 安装 PhantomJS,非常简单,请查看官网:http://phantomjs.org/。

4) 安装 YSlow.js,其实只要把这个压缩包下载下来解压之后就直接可以用,它就是一个 JavaScript 文件,不需要额外的配置。

5) 进入 Jenkins 创建一个自由风格的 Job,在构建处输入如下命令:

```
phantomjs /tmp/yslow.js - i grade - threshold "B" - f junit http://xqtesting.
blog.51cto.com > yslow.xml
```

上述命令的解释如下:

- -i grade,展示打分信息;

- -threshold "B",指定可以接受的最低分,也就是设定一个阈值;
- -f junit,输出为 JUnit 格式的报告,如果想输出 TAP 格式的则是 -f tap;
- http://xqtesting.blog.51cto.com,被测的 URL 地址。

6）在构建后操作步骤处,选择 Publish JUnit test result report。

7）执行构建。

8）查看结果,如图 8.28 所示。可以看到测试结果以及给出的建议,如果想看更加具体的信息,单击 Test Name 中的数据即可。

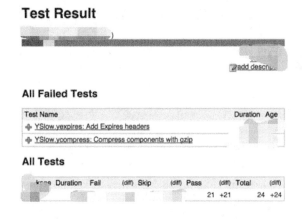

图 8.28　Test Result

其实在上面用到的 PhantomJS 也比较强大,你可以单独使用它来编写代码进行各种测试,详细的用法大家可以查看官网,有非常全面的文档和Example,地址:http://phantomjs.org。

8.4.9　其他前端性能测试平台

除了上面提到的前端性能测试工具外,还有一类就是专业的检测平台,这类平台的诞生对于小白朋友来说是一大福音,它可以较快地完成测试并给出报告,入门门槛较低。不过大家也要明白,任何工具都只是一种辅助的手段而已,不能完全依赖它们,还是需要扩展我们自己的知识体系。下面介绍几个好用的检测平台。

1．阿里测

在浏览器地址栏中输入地址 http://www.alibench.com/并访问，之后在输入框中输入要测试的 URL 地址，单击"探测"按钮之后等待片刻就可以看到测试结果了，易读性非常好。

2．Gtmetrix

在浏览器地址栏中输入地址 http://gtmetrix.com/并访问，之后在输入框中输入你要测试的 URL 地址，单击 Aanlyze 按钮之后等待片刻就可以看到测试结果了，可惜是英文，估计不少小白朋友都不会用的，如图 8.29 所示。

图 8.29　Gtmetrix 测试结果

3．OneAPM Browser Insight

该平台提供云端数据分析调试工具，基于 HTTP 协议和标准 W3C 接口实现真实用户请求响应数据可视化工具，地址为：http://www.oneapm.com/lp/bihttpwatch，实际效果如图 8.30 所示。

4．WebPageTest

WebPageTest 是 google 开源项目，通过它你可以详细掌握网站加载过程中的瀑布流、性能得分、元素分布、视图分析等数据。更多介绍见官网，地址：http://www.webpagetest.org/。以 http://xqtesting.sxl.cn 在 Android 和 IOS 上的表现为例，测试结果如图 8.31 所示，可以看到每个阶段的数据，单击具体的图标可以看到更加详细的数据。

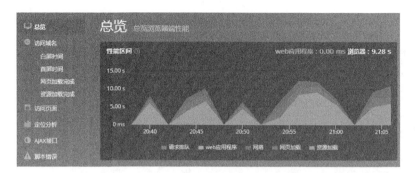

图 8.30　OneAPM Browser Insight 测试结果

	Load Time	First Byte	Start Render	DOM Elements	Document Complete			Fully Loaded			
					Time	Requests	Bytes In	Time	Requests	Bytes In	Cost
First View	14.387s	0.859s	0.000s	527	14.387s	23	1,378 KB	16.399s	27	1,544 KB	$$$$$
Repeat View	8.318s	2.637s	0.000s	527	8.318s	4	2 KB	8.561s	7	3 KB	

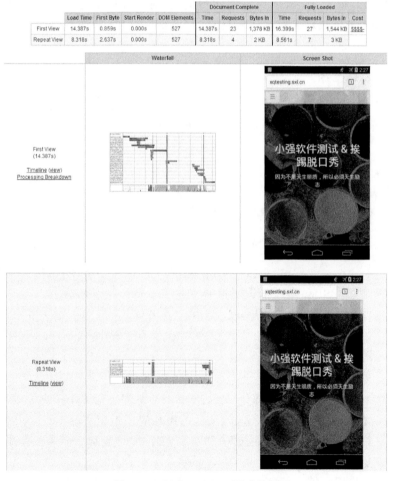

图 8.31　WebPageTest 测试结果

8.5　真实网站的前端性能测试

本节内容我们将以一个真实的线上存在的网站进行前端性能测试,分别从 Web 端和移动端来看需要进行怎样的优化,顺便也能把前面的知识复习一下。

1. 测试目的

通过主要功能页面的前端性能测试,从前端分析引起页面响应缓慢的原因,并根据优化建议对其进行优化,提升前端性能,从而达到提升系统整体性能的目的。

2. 测试范围

主要对用户常用的页面进行测试,至少包括首页、各分类页、搜索结果页等,此处我们只以首页为例进行测试和分析。

3. 测试方法

利用 YSlow、PageSpeed 等工具进行测试,因该网站是第三方的,所以无法进行埋点测试。其他的测试方法大家可自行练习。

4. Web 端测试结果分析

通过 YSlow、PageSpeed 等工具的测试后,综合结果并不算好,属于较差的情况,其中 YSlow 给出的评级是 F(最差),具体结果分析如下。

- 存在较多的 HTTP 请求。其中有 16 个 external JavaScript scripts, 7 个 external stylesheets,18 个 external background images,这些都可以尝试进行合并。
- 未使用 CDN。
- 未指定失效时间。部分 CSS、JS 和图片等静态资源未指定失效时间,尤其像 logo 这样的不经常变化的图片应该指定 Expires headers,可指示浏览器从本地磁盘中加载以前下载的资源,而不是通过网络加载。
- 未启用压缩。部分 CSS、JS 和图片等静态资源未启用压缩,为这些资源启用压缩可将其传送大小减少 135.2KB（68％）。

- 未优化图片。适当地设置图片的格式并进行压缩可以节省大量的数据字节空间，尤其是对类似"客服电话.jpg"这样的图片。对这些图片资源进行优化后可将其大小减少 282.1KB（47％）。
- 不要在 HTML 中进行图片缩放。本网站有 11 个图片进行了缩放。YSlow 给出的建议是：你希望展现多大的图片，原始的图片大小就应该是多大，图片不要比期望的尺寸小，也不要比需要的尺寸大。

比如，如果我们要求显示一个分辨率为 200×200 的图片，而我们的原始图片分辨率只有 100×100，访问的时候浏览器需要等待图片完全下载完毕之后才知道图片的实际尺寸，然后才会判断图片是否满足预定的尺寸大小，如果大了就要缩小，如果小了就要放大。换句话说：图片下载完毕之前，浏览器无法正确给出判断，而且图片的清晰度也可能受到影响。

5. 移动端测试结果分析

移动端发现的问题以及需要优化的资源同"4. Web 端测试结果分析"中的内容，除此之外，还有如下内容需要进行优化。

- 字体大小无法自适应，在移动端不清晰。
- 移动端的页面没有自适应，导致用户需要水平滚动屏幕，如图 8.32 所示。
- 页面中并未设置视口。该网页在移动设备上的呈现尺寸将与在桌面浏览器中一样，因此系统会将其缩小到适合在移动屏幕上显示的尺寸。可以在 Header 区增加类似如下的代码：< meta name= viewport content = "width= device-width, initial-scale = 1">。

在实际应用中还要注意优先级的排序，在时间充裕时，可以优化所有内容；当时间紧急时，可以通过优化优先级高且属于公共资源的元素来缩短前端页面的响应时间。

至于需要具体优化的 URL，因为篇幅有限，这里就没有一一列出，感兴趣的朋友可

图 8.32　移动端页面

以自行去测试下这个网站,地址为:http://www.islib.com/。如果你有更好的建议或意见可发送到我的邮箱:xiaoqiangtest@vip.qq.com 与我交流或者加入 QQ 群 522720170。

8.6　本章小结

　　本章从前端性能的优化方法、工具等方面进行了较为全面地讲解,也实现了一个基础前端监控系统的搭建,这些都是大家以后可以继续完善的,而且也可以较好地应用到企业中。从测试的角度不断推进前端性能的进步,难道这不就是我们的价值吗?

　　如果想把前端的性能测试和监控做得更加专业和完善,可以去参考学习类似 PhantomJS、casperjs、Phantomas 等更加灵活的工具,不过需要测试人员有代码能力才行,不然最好和前端人员配合来完成。

　　从个人的实践经验来看,前端性能的优化效果还是比较明显的,当时根据我给出的前端性能报告进行优化之后,性能确实提升了不少,某网站在大促时候的前端性能表现也非常优秀。所以,我建议大家有机会可以尝试一下,这也是体现自己价值的一种途径,当然在这个过程中更重要的是你可以学到很多前端和运维的知识。

第 9 章

测试团队的组建与管理

在写这章内容的时候还是比较忐忑的,团队的组建和管理并没有太多规范,更多的还是需要根据团队成员的品性以及公司发展战略来决定的,灵活性较大。但测试行业并没有一本书系统地写过测试团队组建和管理方面的内容,而且我的学员有一部分已经成功蜕变为管理者,平时也问了我不少在管理方面的问题,所以我借此机会来和大家分享一下我自己在组建和带领测试团队中的一些点点滴滴吧,也许可以给你带来一些启发和帮助。

9.1 重新认识所谓的管理

听到"管理"一词,我想不少朋友会感觉很高深、很复杂,其实不然,管理思维在现实中是无处不在的,只是我们没有注意罢了。比如,你要和女友出去旅游一趟,还是自由行,那不可避免地在出发之前要做个攻略,其实这个过程也算是管理。再如,怎么去合理安排你的学习计划不被乱七八糟的事情打乱等也是,这些都透露着管理的气息,只要你认真体会,不要墨守成规,那么管理思维就在你身边。

我们再举一个更加生活化的例子,我想大家和我一样上下班都要挤公交车吧?(开车的朋友就自动忽略吧,你们不懂我们的痛啊。)我们是不是都遇到过这样的场景:公交车到站了,有人要下车,由于人太多,还没等下车,公交车的门就关上了。此时,你会听到"开门啊,我要下车,开门啊"的嘶吼。

　　这个场景能很好地体现管理思维,不知道大家阅读到这里有没有点想法。可能有朋友说公交车有后视镜、监控器都可以看到的。没错,但是这些都是为公交司机设计的,并不是为乘客们服务的!换句话说,这些东西只是提供了公交车司机了解乘客的路径,却不能把乘客的想法传达给公交司机,这样就造成了单向传递,是不是和我们在团队中遇到的情况类似呢?

　　那公交车上的这种场景有没有什么解决方案呢?当然有。注意观察的朋友肯定会发现有的城市中的公交车的下门区有一个按钮,如果你要下车只要按一下这个按钮司机就会知道,很好地解决了刚才的问题,由单向传递变为了双向传递。一个小小的改动就可以解决一个巨大的问题,是不是很神奇呢?团队的组建和管理也一样,有时候未必要"大动干戈",也许"温柔一刀"就可以解决所有问题。

9.2　人人都是管理者

　　这里定义的"管理者"并不单指 CEO、CTO、COO 这些,这样的定义太狭隘了。也许在一次 Team Building 中你承担了负责人,也许在家里你是顶梁柱,这些角色都可以理解为管理者!

　　但可惜的是从平时大家的交流以及和学员的聊天中都不难发现,大家对于管理都是敬而远之,甚至可以说是盲目的恐惧。我个人觉得这是因为没有深刻理解到底什么是管理而导致的。毫不夸张地说,即使是一个没有任何管理经验的人都有可能成为一个优秀的管理者。当你能有条不紊地完成手里的工作,当你能在同时进行的多个项目中游刃有余时,其实你已经是一个不错的管理者了。所以,我们不应该去排斥管理,而应该更加注重管理和它所带来的价值。

　　想要成为一名优秀的管理者是少不了经历和磨炼的,你要应对部门内部的事情,应对部门之间的事情,应对下级、平级和上级的事情,如果没有点"淡定"的气质还真不行,不过这些都是可以培养的,我也相信大家都可以成为一个优秀的管理者。

9.3　测试团队常见的组织架构模型

我们重新认识了所谓的管理之后,再来了解下目前测试团队常见的组织架构类型,对于我们日后组建测试团队有巨大的帮助。据我所知大部分公司常见的组织架构类型有如下几种。

1) 测试团队是独立的部门。也就是说和开发、产品等部门是平级的,如图9.1所示。这种组织架构的好处就是相对比较独立,有话语权,不论是从资源上还是管理上都较为集中,方便做一些平台建设、资源共享。同时,在业务上更容易深入研究分析,对研发体系的质量有推动和促进的作用,管理得当可以较好地体现测试团队的价值。

2) 测试团队隶属于开发,也就是测试团队属于开发部门下的一个小组,如图9.2所示。这种组织架构的弊端比较明显,很多事情要受限于开发,没有话语权,相对来说比较被动,也比较难体现自己的价值。

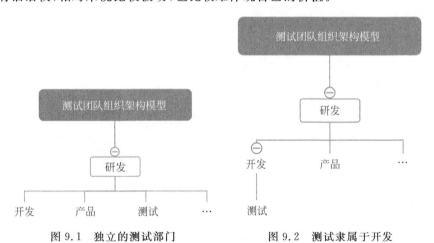

图 9.1　独立的测试部门　　　　　　　图 9.2　测试隶属于开发

3) 测试团队被打散,分到各个产品线,如图9.3所示。这种组织架构也比较常见,尤其是在大公司里。毕竟大公司里的产品线太多,如果全部统一,团队的"机动性"就会比较差,不能快速、及时、专注地服务。所以,打散到各个产品线是比较好的选择。而且这种组织架构能避免人力资源之间的竞争,更可以减少跨部门协作的问题。同时,对于测试工程师来说也是深入熟悉某一类产品业务的绝佳时机。

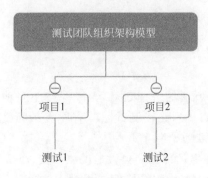

图 9.3　测试分布在各个产品线

　　至于哪种组织架构更好，真没有标准答案，每种组织架构都各有利弊。我们只有知道了每种组织架构的优势和劣势之后才能在后续组建测试团队的过程中进行统一考虑，最大限度地"扬长避短"。通过这节的分享，你能判断出你所在的部门现在属于哪种组织架构吗？假如你是管理者，你觉得现在这种组织架构好吗？这都是大家在阅读本节时可以思考的问题。

9.4　小议扁平化组织结构

　　扁平化这个概念大家一定听说过，之前还特别火爆，很多公司都宣称自己是扁平化管理。不论你是否是一个管理者，对扁平化的认识都是很重要的，因为它既是你的一种管理手段，又体现了一家公司的制度。

　　曾经 GE 的 CEO 杰克·韦尔奇就直言不讳地指出：当你穿着 6 件毛衣出门的时候，你还能感觉到气温吗？意在说明公司层级的复杂导致信息传递不通畅，甚至被曲解，人与人之间死气沉沉的关系更是没有一些活力。后来，他痛下决心把中间的管理层都砍掉，减少信息传递的层级，提升沟通和执行效率，把"大"变"小"。

　　说到这里，不少朋友觉得扁平化不就是裁员吗？这个表达不够全面，扁平化的意义在于减少多余的"赘肉"，让你变得"灵活"起来，并不是随便地裁员、砍部门。在什么条件下、什么时候进行扁平化，扁平化之后由谁来接替负责都是管理者们应该思考的。

　　如果有朋友在阅读本书时正好在一家有着很多层级的公司，我相信你一定深有体会。不论是刚组建测试团队,还是你的测试团队已经足够庞大,了解扁平化的组织结构对于你管理这个团队来说能够提供一定的帮助。

9.5　如何组建测试团队

这是一个比较大的话题,本节我将尽可能详细地与大家分享我在组建测试团队时的经验,也把自己踩过的"坑"告诉大家,希望能给大家一点帮助。

下面分享组建测试团队时需要注意的几点事项,未必对,只是自己经验的总结而已。

1. 深入"敌后"

很多朋友在组建测试团队的时候第一步就是招人,个人觉得这个不太好,我建议第一步是深入了解当前公司、部门的实际情况以及组织架构,这样才能正确地选人,招对人。"敌后"并没有恶意,是想强调深入了解的重要性,如果你连你当前的处境,当前需要什么样的人都不知道何谈组建测试团队。

还记得在9.3节中测试团队常见的组织架构模型吗?每种组织架构都有各自的特点,只有选择符合当前团队特点的组织架构模型才能更好地发挥团队效应。如果公司不是很庞大、产品线不是很多,可以优先考虑组建独立的测试团队。

2. 精简"拢人"

当你了解了当前情况之后就可以开始招人了,初期不建议大规模招人。毕竟初建的测试团队还不能称之为团队,因为人来自五湖四海,水平参差不齐,相互了解不够,没有凝聚力,是相互考察的时期,这时候秉承少而精的原则是上上之策。

在具体招人过程中,技术能力可以不是最重要的,因为技术能力是可以通过后天培养来提升的,而有些东西是无法通过后天培养来改变的,或者说是很难改变的。所以,有态度、有激情、有理想的人才是最重要的。我们在招聘过程中常会碰到以下几种类型的人。

1）刚毕业的人。

这类型的人相对来说有活力、能吃苦加班、人际关系简单，只是可能在能力这块相对来说弱一点，不过这个我倒觉得没那么要紧。如果你的团队需要活力，不想过早地出现"斗争"，这类型的人再合适不过了。而且如果你领导得当说不定可以培养成未来团队骨干。

2）有一些工作经验的人。

这类人既不会完全没有经验，又不会太过于"圆滑"，至少还没有被恶习彻底感染，也是我最钟爱的一类型人。有激情、有想法、不世故、无包袱、不拖沓，总体来说可塑性较强，是可以考虑培养的重点。

这里我表达一个较为客观的观点：现在在求职中 90 后的占比越来越大，薪水也越来越高，甚至高过有四五年经验的人也不足为奇。比如，我之前的有的学员月薪达到 18K，不能说非常高但应该是高于不少有多年工作经验的测试人员了。当然，这里不是去刻意抬高 90 后，只是相对于 80 后而言，他们的压力小，没有家庭等包袱，所以可以更加自由和任性地学习，我们不得不承认有时候顾虑太多是会阻碍进步的。

3）有多年工作经验的人。

在选择这类人的时候是比较纠结的，有时候你需要他们的经验和资历，但有时候你又担心他们的"圆滑和态度"。当然，我说的只是一种情况，有经验又有能力还有端正态度的还是很多的，只不过是"一颗老鼠屎坏了一锅粥"而已。

4）测试高管。

这里所谓的测试高管是指类似测试经理、测试总监以上级别的，不论是空降还是内部提拔，一定要有真实的团队管理经验，可以从大局考虑，而不是谋私利。

有种情况也是在业界经常遇到的，就是当空降一个高管时一般都会带来一支团队，毕竟这支团队可能和自己的默契更好，更容易推进工作。但同时带来的问题就是"老员工"可能会面临比较尴尬的处境。

小 强 课 堂

不知道大家有没有这样的感受，现在很多企业招聘都存在几个典型的问题。

1）招聘流程太长。有的企业居然要等半个月才能等到最终的确认，我也是醉了啊。

2）要求虚高。招聘要求上写得天花乱坠，恨不得招个"超人"，但实际工作中根本用不到，或者说用到得很少。

3）总想要最好的。还是那句话，最好的不见得合适，只有合适的才是最好的。至少我在招聘人的时候看重的是这个人的品性、思考能力、沟通能力、学习能力，至于技术是排在后面的，毕竟优秀的人是少数，我们只能尽可能地招聘那些未来可以成为英才的人，这就是"未来价值投资"。

3. 合理"拢心"

当把人都招聘来之后如何管住员工的"心"就成了管理者初建测试团队后面临的最大问题了。

合理"拢心"是指，要通过合理的方法来提升凝聚力，大家千万不要以为是靠"歪门邪道"来拉拢人心啊，我想表达的是通过合理的、正常的、积极向上的方法来引导大家。

我们可以从以下几个方面来考虑。

1）站在员工的角度，他来你这里干一份工作的出发点无非是获得基础的生存保障，只要你钱给足了什么都好说。但如果你钱给不足呢？那就提供一个好的工作环境，给人"家"的感觉。但如果好的工作环境也提供不了呢？那就提供一个未来个人发展的平台，给每个员工勾画一个值得期待的愿景，毕竟真正的人才，看中的不仅仅是眼前的利益，他们更渴望与部门一道成长、一同发展，他们更需要的是一个宽广的平台，或者说是一个值得为之付出的未来。

2）细节有时候也很重要。俗话说得好"成大事者不拘小节"，但有时候细节也会决定一切。初建的测试团队中，员工刚刚入职，缺乏对公司、部门的了解，没有特别强烈的归属感，这时候细节的东西往往会对他们产生较大的影响。比如，工作中的帮助，午饭等，多从生活的小细节入手会有意想不到的效果哦。

4. 培养"核心"

《亮剑》里有一段话：一支部队的战斗意志是由它的首任军事长官留存

下来的。团队的管理也是如此,你的作风,你的性格,都会影响到团队人员的日常举动。你是什么样的人就会打造出一支什么样的团队。所以,初建测试团队虽然缺少沉淀,但同时也更利于管理者按照自己希望的方向去加以打造。

当然,如果随着团队后期的不断发展,也许人员会越来越多,这时候再单靠自己就会非常疲惫、劳心劳力,所以在发展的过程中要有意识地培养一些骨干力量。这些骨干力量将来会在团队中有一些影响力,逐步构成团队的核心基石,也是保持团队稳定战斗力的良方。"未雨绸缪"也是一个优秀管理者必备的能力。

9.6　如何高效管理测试团队

一支优秀团队的组建和管理是需要精心打磨的,大致会经历初创期、发展期、稳定期(持续改进期)这几个阶段,每个阶段的侧重点都会有所不同,如图 9.4 所示。

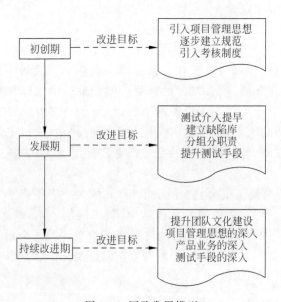

图 9.4　团队发展模型

下面我就分别来聊聊每个阶段管理者应该关注哪些事情。

9.6.1 初创期测试团队的管理

除了在9.5节中提到的要点外,还有几个要点是需要关注的,大致如下。

1) 培养"心腹"。

这里并没有贬义的意思,所谓"心腹"就是你比较了解或者跟随自己多年的人。这里我直接给大家分享下之前我自己在创建测试团队的时候是如何做的。

刚创建时我并没有大量地去招聘测试工程师,而是拉了几个认识、靠谱的朋友过来,因为前期是最不稳定的,多少都会遇到内部、外部的双重压力,如果你扛过去了那么就成功了一半,所以前期一定要有靠谱的朋友来做支援,不然很难去推进一些事情。"先苦后甜"这个道理人人都懂,但不是人人都能扛过去的。

2) 逐步建立流程。

俗话说得好"无规矩不成方圆",所有好的结果一定会有一套较为合理的流程体系做支撑。有时候我们太在意结果而忽略了过程,但其实有个道理大家得明白,如果你的流程是好的,那么出来的结果也不会差到哪里。

初创的团队之间缺乏默契,需要磨合和培养,所以必须有一些基本的流程规范来约束,这样才能减少混乱的风险。这个过程中作为管理者一定要拿捏得当,不要制定过于详细苛刻的流程规范,这样会限制团队发展,也不能没有任何流程规范,这样团队会陷入混乱,掌握一个"度"才能保持团队有条不紊地前进。图9.5所示的是一个对于线上问题的处理流程规范示例。

3) 求稳不求胜。

这个阶段最重要的是保持工作的稳定,如果能出一些成绩更好。不要盲目地去应用性能测试、自动化测试等(很多没有经验的管理者会犯这个错误),不然你根基都没打牢可能就倒塌了。在这个阶段技术不是最重要的,而且在我看来是最不重要的,只有扛过了这个阶段逐步稳定后提升技术才能发挥它的价值。同时,本阶段在内部测试分工上也并没有明显的界限,需要大家通力合作。

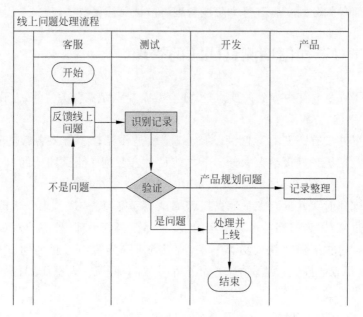

图 9.5   线上问题处理流程

9.6.2   发展期测试团队的管理

随着初创期的结束,团队进入快速发展的阶段,人员在增加、任务在增加,但时间却在减少,这时候会面临不少棘手的问题。

即便这样,也不要盲目地扩充太多人员,扩充人员太多的话会造成工作不饱和,太少的话又会使得下属感觉很疲惫,所以拿捏恰当才能维护团队的稳定性。同时在技术的提升上建议选择一项进行团队内部的学习和推进,不建议同时进行多项的技术推进,毕竟大家对于新东西是有抵触的,不利于落地。如果允许可以招聘这方面的人才进入团队,但一定要选对人,那种光会说不会做的一定不能招,否则会影响团队稳定。之后剩下的工作就是按部就班推进了,这里还有一点个人经验分享给大家,那就是在推进一项新技术的时候要由易到难,这样会比较有效果,也容易出成绩。

就我个人的一些心得而言,可以尝试从以下几个方面来推进。

1) 分工和责任明确。

团队成员越来越多的时候就必须对分工和责任明确,防止推脱和内部的"扯皮"。明确分工和责任带来的好处显而易见：

- 可以有效地看到每个人的工作量和饱和度,利于评估当前团队的状况;
- 每个人明确了自己的责任,且可以深入研究自己负责的东西;
- 合理分解了任务体系,便于进行管理。

常见的职位分工如下(不同的分工完成不同的职责工作)：

- 业务测试,主要是负责系统的功能业务测试,包括手工测试和自动化测试,这类型的测试应该是占据绝大多数的;
- 测试开发,当测试团队足够庞大的时候可能就需要有一定的平台化产品来支持测试团队本身了,这时候测试开发的价值就可以完全体现出来;
- 性能测试,尤其是类似电商这样的系统和钱息息相关,宕机3秒就有可能损失上千万,所以对系统的性能测试也是重中之重;
- 专项测试,这个主要是针对移动端APP的,比如,APP的内存、CPU、电量、流量、GPU等的测试;
- QA,严格来说,国内的测试团队有QA的比较少,QA主要是根据项目收集质量数据,然后进行分析,对研发体系和质量体系进行优化和推进工作。

虽然有这么多的分类,但在实际团队内部这种分类又不会太清晰。比如,没有性能测试工作的时候不可能让你闲着,你就来做功能测试。至少我个人觉得不要过分区分是比较好的,毕竟任何脱离业务的工作都是无效的,只有深入了解业务才能把更好的技术放在合适的位置使用,使其发挥应有的作用。

2) 考核明确。

我们大家一定会有这样的经历,当团队成员越来越多的时候必然会出现一些"不干活"的人在滥竽充数,会严重影响团队氛围。所以明确考核体系就是必然,通过考核体系来合理地、动态地调整分工,较为客观地管理团队。对于大家感兴趣的绩效考核体系我会在后续章节中和大家分享。

3) 建立缺陷库。

人员的增加也意味着工作量的增加,那么缺陷自然也不会少。这时候我们就可以逐步建立缺陷库了,缺陷库建立的重要性以及它能给我们带来的好处我会在后续章节中和大家分享。

4）改进测试手段。

初创期我们不建议大家过早地引入性能测试、自动化测试等测试手段，而到了发展期，我们可以尝试逐步引入了。毕竟这时候较为稳定，资源充足，引入不同的测试手段可以提升测试效率，更早地切入测试，从而提升测试的整体质量。

当时我自己是这么引入的，仅供大家参考。

- 首先引入性能测试。但当时我们不做全面的性能测试，而是先从接口级开始，逐步建立规范、积累经验，从无到有地建立了自己的性能考核体系。很多朋友面对什么都没有的情况就特别害怕，其实我觉得大可不必，换个角度来看，这时候正是你自由发挥的时机。

- 性能测试引入之后逐步进行完善。比如，刚开始我们能监控的资源有限，能分析的范围也有限，但这些都不是阻碍我们的借口，有困难就克服困难，有难题就攻克难题。性能测试的完善也逐步推动了运维体系的建立，一套完整的运维体系监控系统慢慢地搭建完成，对于做性能测试的工程师来说绝对是值得庆祝的一件事情。也是从这个过程中我再次体会到，测试的价值不在于技术，而是在于推动整体研发体系的完善和改进，是研发体系中不可缺少的重要部分。

- 尝试自动化测试的引入。为什么当时我没有首先引入自动化测试呢？主要是考虑到成本问题，包括学习成本和投入产出比。毕竟不论是企业还是部门，投入总是要回报的，有代码能力的测试工程师较少，招聘和培训成本较高，而自动化测试带来的价值需要在后期体现，周期太长，所以并没有在一开始引入。当性能测试的引入得到部门以及领导肯定之后你就有了资本，这时候再来引入自动化测试可谓顺其自然。至于自动化测试应该引入哪个层级的，我们在第一章已经讲解过每个层级的特点，这里不再讲述。

9.6.3　稳定期测试团队的管理

经过发展期的进一步磨炼后，团队逐步发展到较为稳定的状态，在这个阶段我们需要做的就是持续改进，让团队变得更有活力。请注意我这里说的是活力，而不是稳定，因为太过于稳定就会出现问题，变得懒散，所以适当地给予团队刺激，让团队保持危机感，也是促进一支团队积极向上的最好方法。

在这个阶段主要关注如下几个方面。

1）团队文化建设。

文化建设不太好描述，它包括价值观、使命感、道德约束、管理制度等内容。我们常见的 Team Building 并不是文化建设，它只是属于团队文化建设中的一种形式。除此之外，像教育、培训、宣传、文化娱乐、联谊等也是团队文化建设的形式。

总之，团队文化建设是以最大限度地统一员工意志、规范员工行为、增强员工凝聚力为主要服务目标的。

2）项目管理。

当团队较为庞大时，项目管理的知识和思维就比较重要了，尤其是一些项目管理中的常用方法对于保持团队的执行力和规范性有着很重要的作用。项目管理方面的知识体系比较庞大，感兴趣的朋友可以自己看看这方面的书，此处就不展开讲述了。

3）业务和技术的深入研究。

- 产品业务方面：测试团队不仅仅是完成测试的工作，更应该推动产品的整体质量，包括在产品设计、优化改进方面提供合理的建议。突然想到一句话：一个优秀的测试工程师应该比产品更懂测试，比开发更懂产品（感觉是要逼死宝宝们的节奏啊）。
- 技术方面：当测试团队有了一定的技术储备后可能需要进行平台化的转变，就是开发平台级产品来用于支撑测试内部的工作，比如阿里的 Macaca 平台。另外，随着公司的发展，如果产品业务也变得多样化、复杂化起来，那么针对产品的专用测试工具可能也需要测试团队内部进行开发，比如腾讯的 APT、GT 等。

在针对稳定期的团队进行管理的时候，既要合理刺激团队，保持团队的积极向上，又要平衡团队的稳定，必要的时候进行"换血"也是可以的，毕竟时间长了免不了出现"拉帮结派"的现象，破坏稳定从而出现"内部斗争"，这样就得不偿失了。

9.7　如何考核和激励测试团队

虽然我自己对绩效考核也没啥好感，但也不得不承认，没有一定的约束全凭自觉肯定是不行的，员工需要激励，企业需要控制范围避免过度浪费等,所以绩效考核也就此诞生了。

绩效考核具有两面性,用好了可以激励团队,用得不好就会造成团队的不稳定。这里我就自己的一点经验和大家分享一下。

9.7.1　如何进行测试团队的考核

1. 绩效考核的现状

部分公司的绩效考核其实就是摆设,存在假大空的现象,基本是由领导来决定或者大家轮询评级(我是不是又爆料了,感觉要被打死的节奏啊)而且和钱挂钩,实际效果并不好,此处请自行脑补。

2. 绩效考核点

绩效考核中有几个基本点是必需的。比如,测试的效率和质量、沟通协作能力、学习能力、贡献度等,但具体的考核方式要根据实际情况来制定,图 9.6 就是之前我们考核时的一些点,仅供大家参考。

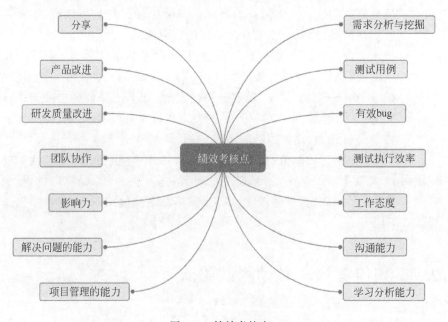

图 9.6　绩效考核点

从图中可以看出,考核的点相对来说还是比较多的,包括了硬技能方面的、软技能方面的、管理能力以及学习能力等。这样设计的出发点在于尽可能地扩大覆盖度,因为每个人都有各自的长处,比如,A擅长沟通和管理,B擅长技术,如果考核点太少或者都是技术方面的考核点,显然对 A 就不公平了,所以和设计测试用例一样,尽可能地提升覆盖率,保持客观公正。

3. 绩效考核模型

衍生出来的绩效考核模型和绩效考核点不一样,前者更加抽象和全局,是站在一个高度设计的概要纲领,而后者只是列出了零散的点。此处也和大家一起分享下,如图 9.7 所示。

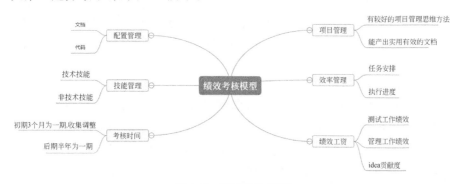

图 9.7　绩效考核模型

绩效考核的基本大纲都大同小异,需要根据实际的情况做灵活的调整,多一些公平,多一些落地,多一些激励效果会更好。

绩效考核期不要设置得太短,如果太短不但不利于考核还容易出现较大的抵制情绪。一般周期为 3 个月或者半年。大致的考核项目包括但不限于以下几个。

1) 技能管理。主要从技术技能和非技术技能方面进行考核,软硬兼备。

2) 配置管理。从代码和文档两个方面考核,毕竟文档对于测试工程师来说是最重要的资料。而代码的管理也很重要,尤其是对于性能测试和自动化测试而言,每次代码的更新都应该利用配置管理工具进行版本管理。

3) 项目管理。对于团队中的 Leader 来说这项是比较重要的考核,对于项目的把控、进度的把控以及各个阶段应该产出的文档等都需要考虑。

4）效率管理。主要是考核是否可以合理地安排自己的任务，还有能否及时完成工作。有不少朋友有拖沓的症状，有时候不到最后一刻绝不动手，这种严重的拖沓是绝对要不得的。

而对于绩效工资来说，不同的绩效等级可能拿到的工资会不一样，一旦涉及钱就会比较敏感，所以良好的、公开的、公正的、透明的绩效考核体系就尤为重要了。希望本节内容能对刚刚步入管理岗位或者正在迷茫的管理者们提供一些思路吧。

9.7.2　如何激励测试团队

激励测试团队需要有一定的"艺术手段"，重要的是抓住团队成员的品性，这样你就可以综合所有人的特点来制订激励计划，从而保持团队的健康和稳定。以个人经验来说，有如下几种方式可以尝试，不见得对，仅供参考而已。

1）钱。

谈钱俗，但是不可耻，我付出了，拿到我该得的回报有什么不好意思的？难道免费的东西就伟大，商业的东西就无耻吗？我们知道的伟大企业哪个不是挣钱的？所以，如果能实实在在地在薪水或者奖金上做一些奖励那是最有效的激励方法了，效果是棒棒哒！

小 强 课 堂

这里请允许我说一点题外话，不想看的朋友可以直接忽略。有的人在公司拿着薪水、学着技术甚至在外面还接着私活，从来不会感觉可耻。可是，一旦别人写一些东西收一点费用的时候，你就觉得非常可耻。这个逻辑想想也是可笑。

基本可以这样说，所有技术知识在互联网上都可以查找到，你都可以免费学，但是又有几个人能学好呢？所以不要把商业的东西都说得那么可耻，来凸显免费的价值。有时候大家来学习其实是为了那个学习氛围，为了有个人指导，为了能认识更多的朋友，为了将来有一个强大后盾。正确看待各种现象也是管理者应该慢慢培养的能力，不能人云亦云。

2）技术。

我经常听到很多朋友和我抱怨：在公司学不到技术，每天就是点点点。站在公司的角度来看，其实我也是理解的，毕竟公司招你是来干活的，而且现在产品变化节奏如此之快哪有那么多时间让你学习，不加班就不错了。那么站在管理者角度而言，这个恰好也是激励团队的一种方法，定期进行内部的技术分享或者邀请一些外部的朋友来和大家交流交流，都可以从侧面激励团队成员，营造良好的团队气氛，别小看这些哦。

3）精神。

这个确实有点虚无缥缈的感觉，但我个人觉得这也是除了钱之外最有效的激励方法了。比如，可以设定各种团队内部的荣誉奖励体系，达到标准颁发证书；再比如，对于有特别贡献的成员可以给予一定的头衔称号。充分利用人的虚荣、存在感、认同感等特点进行激励，效果也是棒棒哒。

4）领导力。

这里的领导力并不是说你带团队的能力，而是说你的承担能力。比如，团队成员犯错了，你怎么处理？是要批评还是要开除？当然每个人都会有不同的处理方法，但如果换做是我，而且这个团队成员也是初犯，也许我会帮他把这个黑锅背下来。是正常人都会有羞耻心，他会铭记，还有可能以后成为骨干呢。所以我也常和我的学员说跟对一个好领导比进入一家好公司要重要得多。

9.8　人性管理

人性是一个复杂但又充满未知的领域，可能大家阅读到这里会想：你为什么要谈人性啊，人性和我们的团队建设、管理有什么关系吗？我想说：关系特别大。

一支团队中，不可能所有的成员都一个性格，一个特点，肯定有很多不同，那如何应对不同性格和特点的人也是管理者需要的技能了，这里就或多或少地涉及了人性的管理。由于我才疏学浅，只是把自己的经验和想法总结分享给大家，并不代表我说的就是对的，只是希望给大家提供一些思路而已。

那对于团队中不同类型的人我们应该怎么来"区别对待"呢？

1. 有能力、有野心的人

我个人觉得这是一帮比较尴尬的人,对于一个团队而言管理者希望招到有能力的人,但又害怕有能力的人"造反"(唉,人就是如此的矛盾)。如果某一天他们发现现在的环境已经无法满足他们的要求,他们也许会离你而去,对于这样的人管理者必须时刻注意,创造空间给他们发挥。

这里还涉及一个概念是"风险管理"。比如,我之前在带测试团队的时候每隔一段时间就会让轮换所有人的工作,这样就能保证每个人都会接触到不同的业务,如果有人离职,其他人也可以快速接手,不至于无人顶替,从而减少团队内部变化带来的风险。

2. 处事圆滑的人

圆滑本身并没有错,但过分圆滑就不好了,我相信任何团队中一定会有这样的人存在。这种人一般都是团队的"搅屎棍",对于他们的管理我觉得,能为我所用就留下,不能就舍去。

3. 聪明的人

聪明和圆滑并不一样,但也无法明确分开,我这里说的聪明之人是指学习能力强,在团队研究推行新技术的时候可以交给他们完成,他们会为了证明自己的价值给你卖力干活的。

4. 老实、勤奋的人

这类人是属于那种勤勤恳恳工作的,他不会有什么创新,也不会给你偷懒,他可以把你布置的任务保质保量地完成,每个团队都需要这样的人来维持稳定。但缺点就是缺乏创新和激情。

5. 懒惰的人

你也可以理解为不上进的人,这类人是任何团队都不想要的,不仅没法按时完成工作,还可能会犯很多莫名其妙的错误,更让人气愤的是知错还不改,这类人我觉得给一次机会如果教育不过来就舍弃吧。

这些所有的激励方法只是个人的浅谈,大家不必去争论对错,觉得有道理就可以听,觉得没营养可以不看,如果我们能把这些无意义争论所耗费的精力放到推动测试团队、测试行业的进步上岂不更好吗?

9.9 缺陷知识库的建立

所谓的缺陷知识库,主要有两个特点:其一,把所有缺陷汇总归类;其二,对归类后的缺陷进行分析,并做出预防方案。看似不起眼的两点不仅能帮助测试工程师提升效率,更好地发现缺陷,还能帮助同事提前预防可能存在或者在以往出现过的缺陷,从而逐步推动整体的研发和产品质量。**还有一点很重要的就是通过缺陷知识库的积累可以依据数据来体现测试团队的业绩和价值!**

至于缺陷库的表现形式,或者说是用什么方法实现,我觉得没有必要去纠结。有时候大家总是纠结在一些毫无意义的问题上,其实很多问题你绕过去之后再回头来看就会觉得自己很可笑,待在原地永远不是最好的解决办法。

那缺陷库到底用什么来实现呢?像 Excel、Wiki、Blog、BBS 等都可以完成。在组建团队初期,我是以 Excel 形式做了缺陷知识库的初版,如表 9.1 所示。虽然形式上有点简陋,看起来也不高大上,但至少迈出了这一步,迈出的每一小步积累下来就是一个大的进步。

表 9.1　缺陷知识库初版

缺陷类别	数量	缺陷产生原因
实现问题	35	1. 共用的模块未做统一提取管理调用 2. 缺少参数 3. 没有考虑边界值 4. 没有同步更新数据
UI 用户体验	15	1. 未考虑大数据下的显示 2. UI 文字提示不统一 3. 跳转定位不够友好 4. 没有明确页面刷新机制 5. 入口太杂,使用户感到困惑
需求问题	25	1. 没有定义出来初始化时需要的数据 2. 对做限制的地方缺少明确的要求 3. 忽略了多个版本之间的限制,比如露出位、入口、功能等 4. 规则的变更 5. 未考虑大数据下的提取 6. 未考虑在没有数据情况下应该显示的页面效果

续表

缺陷类别	数量	缺陷产生原因
兼容性	6	不兼容低版本浏览器（根据客服反馈用户用 360 浏览器的较多，所以权重也应该提高）
数据问题	20	1. 新老数据 2. 任务系统 3. 索引更新 4. 缓存没有及时更新
设计缺陷	2	1. 字段的预留 2. 可扩展性 3. 页面上设计长度不合理
环境问题	8	1. 短信通道不稳定 2. 外部接口不稳定
其他	3	1. 每期的 changelog 无法通知到用户，导致新功能上线后用户不知道或迷惑 2. 部署方式，上线方式容易漏传文件，或上传错误造成影响 3. 无法保证上线的版本就是测试的版本

在此表之上可以利用 Excel 的统计功能生成一张饼型统计图，这样看起来更为直观，如图 9.8 所示。

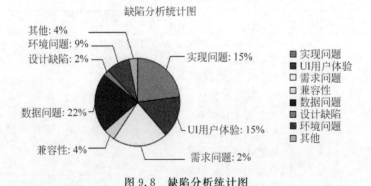

图 9.8　缺陷分析统计图

随着团队的扩充以及缺陷的累积，不可能一直在 Excel 中进行，这样不方便进行统一管理。这时候我们需要一个平台来做统一的管理，不仅仅是缺陷知识库，更是一个测试团队的知识库。在这个平台中我们可以进行技术分享的积累、各类文档的统一归类（比如接口文档）、测试技术规范说明、项目管理、缺陷库分析等，如图 9.9 所示（因为涉及一些隐私所以做了模糊处理）。

(a)

(b)

调用地址

调用方式

GET 或 POST

编码方式

UTF-8

参数说明

参数名称	参数类型	参数描述		备注
name	String	用户姓名		必填
sex	int	性别(0男 1女)		选填

(c)

图 9.9 知识库平台

可见,知识的总结和积累是十分重要的,不仅仅能提升测试质量,帮助开发、产品预防问题,还能帮助管理者梳理资料,未来如果你要写汇报的时候这些东西都是你的重要参考资料。

9.10　如何高效地开会和写日报

之所以会把开会和写日报单独作为一个章节来写,是因为这些工作几乎是我们每个人每天都要干的事情,但就是这么普通的事情却使得我们特别头疼。

对于开会,很多时候都没有效果,真正能够落地的也不多,我们一直纠结于细节、责任,忘了开会的目的,而且会议结束之后没有记录,往往在推进过程中不了了之。

对于写日报,我们很多朋友不知道该怎么写,写什么,要么两三句简单描述,要么长篇大论,往往无法突出重点,体现自己的工作量和价值。

下面我们就这两个话题分别分享下我自己的一些心得。

1. 如何高效开会

1)开会之前必须有准备。一定要把会议说明(主题、时间、内容、参会人员等)、所需资料等提前发给参会人员,让他们可以提前熟悉,预留一些思考的时间。

2)开会主题必须明确。我们常常遇到这样的情况,本来今天开会是说A系统的进度以及困难,结果讨论一会后就变成了问责B系统了,会议主题完全跑偏。如果没有人能及时纠正,那这个会议就变得毫无意义,也浪费了大家的时间。所以,会议的主题一定要明确,且要时时纠正,凡是不属于本次会议主题的一概不讨论。

3)开会中一定要有议题引导。比如,本次会议可能会讨论A、B、C三块的内容,那么顺序是什么,每个议题的时间占比等都要明确,如果出现无法确定的内容,就暂停,不在本次会议讨论,等确定后再另行开会。

4)会后一定要有明确的记录和结果。开会是一个非常耗时、耗力的事情,如果每次开会都浪费大把时间,但什么结果都没有,就会大大打击参会人员的积极性,会产生负面影响,长期下去会议就会变成负担,而不是解决问题的良方了。所以,一定要有一个准确完整的会议记录,每次会议要形成决议,并且各项决议一定要有对应的接口人进行负责,保证后续的实施。

2. 如何写日报

不论是日报还是周报其实写法上都一样,有一定规则可循。一般我会要求下属主要从以下几个方面来描述。

1) 今天干了什么事情,每件事情的进度如何。这样管理者可以清楚地知道每个人的进度以及项目的整体进度。

2) 遇到了什么问题,需要哪些帮助。有的朋友遇到问题总是憋着不出声,拖到最后还是害了自己。所以有问题就说问题,然后寻求帮助,我们的共同目标还是保质保量地按时完成任务,本来就是一个通力协作的事情,没必要害羞。

3) 明天准备干什么事情,做到何种程度。这个主要是体现未来的计划,督促下属提前计划好所需要做的事情,并尽早完成。

至于日报的形式,我个人觉得没必要纠结,不论是以 Excel 还是 Word 抑或直接在邮件里描述都是可以的。如果想更加规范点,也可以开发一个日报系统实现基本的日报管理功能,比如,写日报、我的日报、下属的日报以及部门管理、人员管理等,如图 9.10 所示。

图 9.10　日报系统

也许你在阅读本节之后会觉得很简单,没有什么特别的,但你能确保在真正实施的时候一丝不苟吗?我看未必。很多时候我们往往觉得简单的事情却未必能做好,而把所谓的简单事情做到极致也是一种能力。

9.11　PDCA 环

PDCA 代表什么？如果熟悉项目管理的朋友一定会知道。不过我觉得阅读本书的朋友中可能会有一部分不知道 PDCA 代表什么。我们用一张图来解释，如图 9.11 所示。

图 9.11　PDCA 环

在我自己看来 PDCA 环可以有效地帮助我们执行任务。比如，当前大家在阅读本书，那这本书你打算怎么阅读，每天看多少页，多久看完，是否做笔记，是否做标注等都是可以利用 PDCA 环来有条不紊地完成，而且它也是项目管理课程中非常核心的一部分内容。

这里我们以如何有计划地阅读本书为例，来说说 PDCA 环的应用场景。

当你欣喜若狂地买到本书时，因为新鲜你一口气阅读了一章，但之后由于太忙（其实估计你自己都不知道自己在忙啥）就把本书压箱底了。这是不少朋友做过的事情（我也这么做过，哈哈）。那如果你用 PDCA 环来进行，也许结果就不会这么糟糕了。大致步骤如下。

1）先计划，也就是 P(Plan)。

它强调的是对现状的把握和发现问题的能力，然后制订计划。拿到本书之后先大致浏览下目录和前言。浏览目录方便你快速地了解本书的内容结构，而前言是很多人忽略的地方，其实阅读前言更有利于你对本书的了解，以及作者写作的目的。

当你浏览完目录后，你可能已经有了一个大概的计划，比如，所有内容都是你需要的。当然，也可能有一部分内容是你需要的。根据你的实际情况开始制订计划，比如，一天阅读一章或者一天阅读三节，并形成固定，不论有什么事情都必须坚持完成。最好把详细计划写到便签或者手机上，免得以后找借口说我忘了。

2）再执行，也就是 D(Do)。

"磨刀不误砍柴工"，之后按照预定的计划逐步执行。在这个过程中要进行自我监督，确保任务能够按计划进度实施。每完成一项任务可以做一个标记，这样以后看着标记一天天多起来自己也会有动力。同时在这个过程中，一定有需要你自学的知识，比如，本书中部分内容是不涉及太基础的概念和操作的，那如果你正好这方面的知识是零基础，可能就需要制订额外的计划来补充学习了。

3）不断检查评估效果，也就是 C(Check)。

在执行的过程中要不断地检查、评估学习效果是否达到了预期的目标。如果没有达到预期目标时，应该确认是否严格按照计划执行（我猜基本都是没按照计划执行导致的）。在整个过程中不要忘了必要的笔记和批注。

4）总结和纠正，也就是 A(Action)。

这里有两层含义：

- 问题总结。任何学习都需要做总结，如果没有总结的习惯，知识学完是杂乱的。同样，每个人的学习都需要一个过程，也许你第一遍阅读完本书可能只理解了 30% 的内容，那么就要接着阅读第二遍甚至第三遍，俗话说得好"书读百遍其义自见"。在这个极度繁忙的时代，也许我们真的需要一点时间来静静地阅读一些书来沉淀自己。
- 对已被证明的，有成效的计划方案，要进行标准化，制定成工作标准，以便应用到以后的执行和推广中。这里想表述的含义就是，经过 PDCA 环的不断实践，你最终会总结出一套可行的计划方案，那么以后类似的事情你都可以按照这个标准来执行，大大提升了效率，减少弯路。

看似平淡无奇的 PDCA，却能在很多地方帮了你，不论是大事还是小事。正像本章开篇所说那样，管理并不高大上，相反就在我们身边，其实我们每个人时时刻刻都在做管理，只是没有注意而已。

9.12　本章小结

本章从测试团队的组织架构、组建团队、管理团队、考核团队等以及常见的一些管理方法上面和大家进行了分享，里面更多的是我自己的从业经历中积累下来的经验，难免有不对或不妥的地方也请大家多多包涵。

其实很早之前就一直有个计划写一本较为纯粹的测试管理方面的书籍，但是担心单纯的测试管理书籍可能销量不会好，所以计划就暂停了。这次受邀写书，正好能弥补我之前留下的遗憾，也把自己多年的经验分享给大家。

　　管理本身就没有对错之分，更多的是对人性的把握，对待和善之人有和善的办法，对待极恶之人有极恶的办法。我只是希望以后能多一些真诚、落地，少一些虚伪、斗争，也许我们才能真正地快乐工作。

　　如果你有更多的想法欢迎与我交流。

第10章

畅谈测试工程师未来之路

有句话说得好"三十而立,四十而不惑",可惜我从接触的朋友中发现一个特别有趣的现象,90后的少年们貌似早已体会到了危机,很早就开始做职业发展的规划并不断学习新知识来提升自己,反观80后的我们貌似进入了一个迷茫期,面对生活、家庭、工作的压力,似乎一时间不知道该怎么规划自己的发展,既不愿意投入学习又在抱怨挣得太少。看到这里请大家不要骂我,我并没有什么偏见,毕竟我也是标准的80后,我只是在描述一个我遇到的现象而已,也许通过对这个现象的分析我们都可以找到自己,得到更好的发展,所以请大家淡定地看完本章所有内容。

10.1 软件测试行业的现状与发展趋势

谈到软件测试行业的现状真心觉得好沉重,如果非要形容一下,我觉得挺像"三国杀"的。混乱、浮躁、充满明争暗斗,不过庆幸的是总体来说是在进步的,不论是从技术上还是从认知上,所以还是应该为测试行业的进步点个赞的!

也有不少朋友在多个场合问过我对测试行业的看法,以前谈论的时候自己身在测试行业,现在再次谈论的时候可以稍微跳出来谈谈,也许会给大家带来不同的感受。

从市场需求角度来说，对测试工程师的需求量还是呈现增长趋势的，但比起前两年趋势有所减缓，其中一个比较重要的原因是创业热潮的退去和创业公司的倒闭。不过，各个公司对测试工程师的需求还是较为旺盛的，但苦于招不到人，这里面的原因就比较多了，也不是一两句可以说清楚的，主要存在如下几个原因：

- 公司希望招到全才，但薪水却给不到；
- 求职者希望获得高薪，但要求却达不到；
- 招聘者希望招熟悉的人，主要担心频繁跳槽和人品太差，其实现在招一个人的成本还是比较高的；
- 公司无法提供良好的培训和福利体系，留不住人，每年基本上都会有两次较大浮动的跳槽季；
- 求职者对充电学习吝啬，更多时间在抱怨。

　　上面的这些原因也只是冰山一角，总之发展的不平衡导致了供需的不匹配也就造成了现在测试工程师很多，但真正能够达到要求的却不是很多的局面。

　　从求职者角度来说，我们能明显感觉到职位要求越来越高，面试官问的也越来越多，要求的知识面也会越来越广。而且，不少朋友比较浮躁，对于应该学习什么，面对问题应该如何分析等都非常迷茫，导致一直在十字路口徘徊，浪费了很多时间。面对高压我们更应该保持头脑的清醒，一步一个脚印地学习而不是找速成的方法。除此之外，基础知识匮乏也是阻碍大家进步的一大元凶。从小强性能测试班的学员中也可以明显感受到，对于Linux、MySQL、网络、基本环境等方面的知识极度匮乏，导致在学习中浪费了不少的时间，所以，永远都不要说基础不重要，也永远不要说我想学高级的知识，看清自己的缺陷才能让自己进步更快！

　　另外，一个非常严重的是心态问题，在和很多朋友的沟通过程中明显能感觉到其心态非常不稳定，无法静下心来学习，三天打鱼两天晒网，总是在想啊想啊，却从来不去付诸行动，这样怎么能知道自己行不行呢？

　　从招聘者角度来说，既想招聘到"全能"的人才，又不愿意给足够的薪水；既想招聘到优秀的人才，又担心进入公司后会对自己构成威胁。这矛盾的心理也是导致没办法很快招到合适人的原因之一。

　　还有一点也是很多朋友和学员跟我抱怨的：现在公司职位要求太多，感觉必须是"全能"才可以。但真正当你进入公司之后你会发现，其实只有20%的技术会使用到，很多职位要求的根本用不到。这也是我特别无奈的地方,当然我并不是说所有公司都这样,但有相当一部分的公司就是这样的情况。所以,如果有管理者看到这本书,我真心呼吁招聘要求要落地,不是你招聘要求越高就越显得你厉害,只有招到真正合适的人才能带来业绩。

从测试技能角度来说,对测试工程师的要求也会越来越高,不仅仅是对技术方面的要求,对一些沟通、协作等软技能要求也会越来越高,毕竟测试工作是连接上下游的纽带,也需要和产品、开发等多个兄弟部门打交道,没有高情商做支撑确实会比较费劲。

对于技术的提升大部分还得靠测试工程师自学或参加培训,毕竟能提供优秀的内部培训体系的公司还是非常少的。图10.1所示就是2015年调查中公司每年对测试人员的培训次数分布,可以看出内部培训少得可怜。而对于软技能的提升则需要测试工程师多去观察、总结,提升自己的情商。

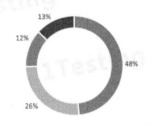

图10.1　2015年调查中公司每年对测试人员的培训次数分布

总的来说,测试行业的未来发展压力会越来越大,要求也会越来越高,知名企业对学历的要求也会逐渐成为硬指标,对知识面的要求也会越来越广,薪水自然也会上涨,但怎么涨都不会赶上房价的(本宝宝瞬间不开心了)。

同样,从调查报告中可以看出测试工程师自己对未来测试行业发展的一个态度,如图10.2所示。可以看出来绝大部分人处于迷茫的状态,这个和本章开头的描述一致,我也想尽可能地在本书中给大家一些指点,不敢说都是对的,但至少是经验的总结,也许对于迷茫的朋友来说可以帮你在黑暗中点亮一盏灯。

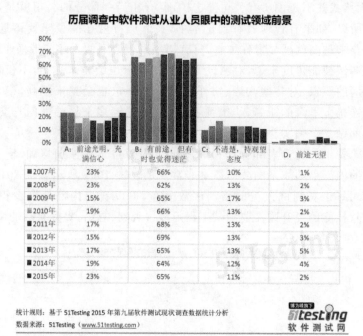

历届调查中软件测试从业人员眼中的测试领域前景

	A: 前途光明, 充满信心	B: 有前途, 但有时也觉得迷茫	C: 不清楚, 持观望态度	D: 前途无望
2007年	23%	66%	10%	1%
2008年	23%	62%	13%	2%
2009年	15%	65%	17%	3%
2010年	19%	66%	13%	2%
2011年	17%	68%	13%	2%
2012年	15%	69%	13%	3%
2013年	17%	65%	13%	5%
2014年	19%	64%	12%	4%
2015年	23%	65%	11%	2%

统计规则: 基于 51Testing 2015 年第九届软件测试现状调查数据统计分析

数据来源: 51Testing (www.51testing.com)

Copyright©2016 51testing.com

图 10.2　测试从业人员眼中的测试领域前景

10.2　如何成为优秀的测试工程师

在我看来,成为一个测试工程师不难,甚至人人都可以成为测试工程师,但要想成为一个优秀的测试工程师就不容易了,所谓的优秀既要求你在技术上要够全面,又要求你在软技能方面够成熟,还要求你在人品方面足够端正,只有综合能力够强才能称得上真正的优秀。

那我们如何逐步向优秀的测试工程师标准靠近呢?可以尝试从如下几个方面努力。

1) 不论你是测试界的新人还是老人,你都要不断更新自己对测试行业的了解和认知,每个行业每隔一段时间就会发生较大的变化,所以及时了解行业发展动态和趋势是必需的。

2) 需要逐步培养测试思维,软件测试实际上更看重逻辑思维方法。不知道大家有没有这样的感受,比如,你会写 Python 代码,但却无法设计出自动化测试框架,自己感觉特别憋屈,主要原因不是你技术不行,而是你没有这方面的思维,所以有时候你学的再多都可能是无用的,你没有最关键、最核心的思维,什么都是白搭。所以,我也一直认为和坚信,培养学员的思维能力远比教"1+1=2"重要,而这个思维又不是所有人都可以教的。

3)需要吸收大量知识,这是一个优秀测试工程师的必经之路。各种开发技术、测试技术、数据库、中间件、网络、架构、运维、管理技能甚至连产品的知识都需要懂一些。这里尤其要强调的是,代码能力已经逐步成为了测试工程师的硬指标,所以那些还有侥幸心理的朋友真的要醒醒了。

4)要有良好的沟通、理解能力。如果没有良好的沟通能力,则无法表达自己的意见;如果没有良好的理解能力,则无法完全理解需求和设计。测试这个职位其实很尴尬,有功劳没有你的份儿,有问题都是你的责任,所以,如果有良好的沟通和理解能力就可以把很多不确定的因素在前期让它确定了,从而减少风险。

5)强化自己的排错能力。不论你是想成为一个优秀的技术型测试工程师还是一个优秀的管理型测试工程师,这个能力都是必需且非常重要的,不然你怎么面对复杂的系统和环境来做剖析、分离?又怎么能去管理一个10多人的团队呢?而这个能力的培养就需要大家多练习、多总结了,没有什么捷径。就我自己而言,也是踩过无数"坑"的,有时候真的想放弃,但也就是那么一点点的坚持才有了现在的自己。

6)良好的人品。其实想在一个行业长久混下去,良好的人品和口碑是非常重要的,我相信凡是经历过的朋友一定懂我在说什么。有的人是属于"双面",需要你的时候,你对他有利的时候会各种"哄"你,一旦你对他没有利用价值或者是构成威胁,就会在背后"阴"你,更有甚者还会做出娱乐圈经常有的"潜规则"。不论这个行业怎么变,不论你身边的人怎么变,我们一定不能让自己的人品扭曲,这也是一个优秀者最有力的法宝。

7)热爱测试。只有你热爱它,才能感受到它的快乐,如果你始终带着偏见、抱怨、消极的看法又怎能向优秀迈进呢。

突然想到了一个广告语,与大家共勉:"从未年轻过的人,一定无法体会这个世界的偏见。我们被世俗拆散,也要为爱情勇往直前;我们被房价羞辱,也要让简陋的现实变得温暖;我们被权威漠视,也要为自己的天分保持骄傲;我们被平庸折磨,也要开始说走就走的冒险。所谓的光辉岁月,并不是后来闪耀的日子,而是无人问津时,你对梦想的偏执,你是否有勇气,对自己忠诚到底。"

10.3　再谈测试工程师的价值

这个话题在我以前写的文章中多次谈论过,也是业界一直讨论的热门话题,其实我一直不太明白为什么一定要争辩和强调价值呢?存在即合理,存在即价值,如果它真的没有价值了,那么肯定会消失!

今天我们就换个角度再来看看价值所在。就我自己浅薄地理解,大致价值体现在如下几个方面。

1)发现 Bug。这个是毫无疑问的,也是测试工程师最本职的工作,如果连这个本职工作都无法做到极致那还有什么资格谈论价值呢。但这里也存在一个严重的问题,大部分测试工作都是在系统测试后期发现 Bug 的,如果能把发现 Bug 的时机提前,这样修改的成本就会降低,也就能更好地体现我们的价值了。

2)纽带作用。说句实话这是一个吃力不讨好的事情。不同人和事的融合必定需要一个"润滑剂"存在,就像是汽车里用的机油,没有机油的存在,发动机、零部件就会存在较大程度的磨损。而测试工程师的价值也类似机油,当你存在的时候别人可能注意不到你的价值,当你消失了也许就会凸显你的价值,确实很尴尬啊!

3)推动研发体系的完善。这个貌似听起来很难,不少朋友觉得测试是最低端的,没有办法做这些事情,我想说的是,如果你自己都把自己看不起了,你又能指望谁看得起你呢?

测试是一个有机会接触全流程的工作,在这个过程中你可以总结不少经验和数据,以事实来给出建议,这是完全可以做的。比如,利用 Wiki、Confluence 等软件建立知识库,可以定期总结分析缺陷来推动整体的质量,这都是经过验证的可行之路。

4)微创新,其实就是挑战更多可能性。测试工程师不见得就只能在测试方面有所建树,只要敢想敢做,一切皆有可能。拿我自己的亲身经历而言,我曾带领测试团队协同市场销售的同事完成了一款 APP 的诞生,甚至后期还一起出去跑市场,最终提前完成了公司业绩得到了高层的一致认可。可以看出,机会永远是留给敢于尝试的人,不是每天只想不做的人。

5)内部价值的争斗。测试工程师除了要提升对于外部的价值,还有一个内部争论不休的话题就是手工测试和性能、自动化测试工程师的价值论。其实我个人觉得这个有点好笑,就好像你的左右手,我们大部分人都是右撇子,右手比较灵活,但不能因为这样你就认为你的左手就不重要吧?没有存在的价值吧?手工、性能、自动化测试亦然!

性能、自动化测试只是提升我们技能的一种途径,并不代表它们就高人一等。再举个网上看到的例子,大米和玫瑰相比,玫瑰确实更加诱人,但关键时刻能救你命填饱你肚子的是大米啊!

总之,价值这个东西不是说出来的,而是做出来的,只要我们齐心协力多去尝试不同的可能性,总会挖掘出来应有的价值,所以请要么动手,要么闭嘴。多用点时间来提升自己,少花点时间去聊八卦,也许你的价值会更快体现出来。

10.4 危机!测试工程师真的要小心了

转眼已经在测试行业混迹了数年,测试不论是技术还是行业本身都发生了巨大进步,而测试工程师面临的危机也越来越清晰。一旦谈论到危机,可能有的人会觉得小题大做,其实,只有以正确的态度意识到危机,我们才能更好地进步,接受它要比排斥它更加明智。

就我自己和与朋友的交流中来看,测试工程师的危机主要集中在下面几个。

1)集中外包化是趋势。

随着社会的发展,竞争愈加激烈,一切不以营利为目的的公司都是耍流氓,公司为了提升利润必然会对非核心部门或业务进行外包。很多公司都在这么干,像大家熟知的百度、新浪、搜狐搜狗、滴滴等都先后把部分测试业务进行了外包。我这里说的是部分测试业务,并不是所有的,核心的测试业务不会外包。所以,大家在选择职位的时候不能只看工资了,如果是非核心的工作,即使你工资高也有可能睡一觉起来就要失业了。

2)长江后浪推前浪。

想必大家都能明白这句的意思,从小强测试培训班毕业的学员来看不少90后和80末尾的朋友月薪都可以拿到1.8万左右,平均下来也在1.5万左右,优秀的年薪可达30万~40万,而有多年工作经验的朋友薪水可能才刚刚过万甚至更低。

出现这样的情况的很大原因是,年轻人没有什么压力,不存在家庭、结婚、孩子、老人等这些顾虑,加之现在年轻人的心态比较开放,明白现在花钱去充电学习一些新技术从而提升自己的能力和竞争力的道理,所以很多事情都愿意去尝试,也不怕失败。相比我们这些"老年人",上有老,下有小,压力实在很大,有时候不敢去做更多的尝试,更愿意按部就班,也不愿花钱和精力去充电学习新技术,久而久之,反被"后起之季"超越。我个人倒是觉得,生活本来无趣,何不借此做一些小尝试呢,也许能给你的生活、工作带来更多的色彩。而且对于我们这些"老年人",你永远不可能在工作上啃老,只能大胆地投资自己为不可预知的将来做更多的储备才行。

3)APM的诞生。

如果有朋友听过我的"挨踢脱口秀"音频节目的话,对这个概念一定不陌生。现在业界比较知名的APM有听云APM和OneAPM。为什么我会说这个也是对于测试工程师的危机呢?就是因为一般APM都可以轻量级地完成从PC端、浏览器端、移动客户端到服务端的监控、定位崩溃、卡顿、交互过慢、第三方API调用失败、数据库性能下降、网络质量、CDN质量差等多纬度复杂的性能问题,还可以快速定位代码、SQL语句等性能问题,可以大大减少运维工程师、性能测试工程师的工作量。看到这里,你还能淡定吗?

小强课堂

APM是端到端应用性能管理解决方案,为企业级用户提供全面立体的性能监控与管理服务。统一覆盖网站、网络、数据库、服务器和其他应用基础设施,主动智能告警,准确定位和解决根源问题。

虽然存在这样的危机,但并不是说性能测试工程师就会失业甚至消失,只是竞争压力会增大,要求会增多,更加注重你的逻辑分析能力,不是会写个脚本、搭个环境就可以的。即使APM能帮我们定位出来问题,但验证问题、解决问题以及如何调优等工作还是需要靠我们自己不断尝试才能找到最佳解决方案的。这里也再次体现出来,逻辑思维能力和完善的知识体系对于我们来说太重要了。

4)开源软件的发展。

阿里、小米、网易等很多公司已经在逐步开源自用的软件了,加之很多个人开发者也慢慢地开源出来自己写的程序,所以开源的发展势头确实比前几年要好很多。既然开源这么好为什么也会带来危机呢? 其实非常好理解,随着开源的发展很多时候我们不需要再重复地造轮子,只需要拿来稍作修改就可以应用起来,这样也就大大降低了成本和门槛。就拿自动化测试工程师来说,也许以后你只需写少量的代码就可以完成强大的框架,这完全是有可能的。

虽然有危机但不是说自动化测试工程师就会失业甚至消失,因为如何整合这些资源并产出一套适合自己的框架就是需要你做的事情了,而这时候考验你的并不是代码的能力,而恰恰是我们在第一章中提到的思维构建能力了。

5) 懒惰!

是的,你没看错,就是这个没人关心的因素也许是你最大的危机。现在你不用出门就可以通过各种平台送饭上门,洗衣上门,保洁上门,真不敢想象有一天我们在家里就可以完成全部的事情会是什么感觉,而这时候懒惰也许已经充斥了全身。你还愿意学习吗? 还愿意提升吗? 也许真的……不愿意了。

有危机就会有机遇,我们只有正确、客观地意识到危机的存在,才能更好地做准备来应对它们,而不是掩耳盗铃自己麻痹自己,不敢正视这些危机。很多伟人的伟大之处不是在于聪明而是他们能比我们更早地看到这些危机,让我们一起加油吧!

10.5　测试工程师职业发展路线图

测试工程师的职业发展也是很多朋友特别关心的话题,也正是因为迷茫所以不知道未来之路该怎么走。本节我们就来分享一下测试工程师的未来发展之路,在我看来大致有如下几种,如图 10.3 所示。其中部分发展路线也是我自己尝试过的,一定会给大家带来一些帮助和启发。

1) 手工测试工程师。

这个是大部分人要经历的阶段,该阶段主要做功能的手工测试,就是去验证各种业务和规则是否符合预期。这个阶段做久了很多人都会麻木,其实我觉得不管你是干什么,如果你不是真正喜欢,干久了都会麻木的,性能测试和自动化测试也是如此。在这个阶段我们要尽可能熟悉业务,培养自

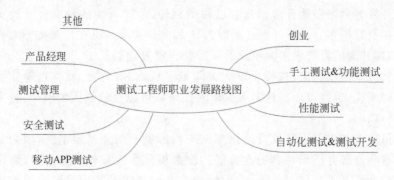

图 10.3　　测试工程师职业发展路线图

己的测试用例设计能力,总结每类缺陷的解决方案,相信经过一段时间的磨炼你一定会有提升,而这个提升在未来之路上会默默地帮助你。

为了再次强调业务的重要性,我举个实际的例子,我曾经面试过不少朋友,很多时候会遇到这样的人:技术能力不错,但是业务上实在是太弱了,很多电商的业务一点都不知道,就连一个完整的电商流程中需要测试的点都没有办法回答全面。尤其是对于一些从传统企业出来,面试互联网企业的朋友,一定要把这方面的业务补充起来,不然会比较吃亏。

2)性能测试工程师。

从目前来看,专职的性能测试不是很多。主要是因为产品频繁地改版与变动,导致精力都消耗在了功能测试上,并不是不重视性能。对于性能测试的认知本书已经在前面的章节讲述过很多,所以此处不再讲述。可以肯定的是,性能测试是大部分测试工程师转型、跳板的首选,不一定未来真的做专职的性能,但可以帮助我们在职业发展中能够"鲤鱼跃龙门"。

3)自动化测试和测试开发工程师。

这里我并没有再区分自动化测试和测试开发工程师,其实本质上差得不多,就是一个名称而已。

目前,自动化测试的情况其实和性能测试差不多,除了一些比较大的、知名的公司外,很多公司只是在喊自动化测试的口号而已。这类工程师一般在公司主要是完成针对业务的自动化测试框架的开发或者针对部门内部测试的支撑平台的开发。

但至少可以肯定,未来不论你是否从事自动化测试,有一定的代码能力是必备条件,而且在谈薪水的时候你也有资本"要上价钱"。

小强课堂

这里多说一些,现在移动端的自动化测试比较火,个人觉得属于"虚火"的情况多一些。UI层的自动化测试有一定的限制,虽然有不少可以针对源码进行测试的框架,但实际上大部分公司很少会把源码开放给测试工程师的,即使是在百度这样的大公司,有些产品线的测试也必须做黑盒测试,不开放源码的。

4)移动APP专项测试工程师。

在本书前面的章节中也提到过,专项测试主要是针对APP前端在CPU、内存、电量、流量等方面的测试。很多朋友不知道APP的专项测试应该怎么做,其实不外乎以下几种方式(针对于Android手机)。

- 在源码中打点。利用Android已经帮你封装好的API,在你源码中的相应位置插入即可。
- Android命令。比如,adb shell screenrecord --bugreport /sdcard/1.mp4命令等。
- 利用软件进行测试。比如,腾讯GT。
- 利用硬件进行测试。比如,功耗仪。
- 云测中心。比如,Testin、百度MTC等。

在面试移动测试工程师岗位时,必要的手机和APP的知识是一定要掌握的,可是我发现居然很多人都不会在手机上配置IP(我也是惊呆了)。多去阅读Android官网的文档,上面有各种测试方法、大量案例等,是你学习的绝佳资料。

5)安全测试工程师。

现在还没有火起来,属于比较小众的测试职位,但是如果你在安全测试这方面造诣非凡的话,真心可以继续发展下去,据我所知,薪水待遇非常丰厚。对于大部分朋友来说,利用闲暇时间学习点安全测试方面的知识还是有好处的,至少你在测试一个业务的时候可能就会从安全的角度来设计用例,也许就测出了不一样的Bug哦。

6)测试管理岗位。

这个岗位也是大部分朋友需要考虑的,我们说句实在话,随着你年龄的增长,家庭压力的增大,你还能像以前一样天天加班通宵吗?你还能像以前一样保持打了鸡血的状态去学习吗？很多现实迫使我们不得不考虑未来的发展之路。测试管理岗位就是不错的选择。但是，大家不要误以为做了管理者就高枕无忧了，就没有压力了，其实管理者的压力也很大，只不过跟做工程师时候的压力类型不一样而已。

7）产品经理。

从测试转变为产品也是一个不错的职业发展路径，而且我本人已经实践成功。对于那些纠结于是否要继续在测试行业打拼的朋友来说，你可以尝试转变为产品经理。对于产品经理而言，我们先不说专业技能，在思维逻辑这块要求很高，所以如果你做测试的时候你的逻辑能力就非常差，现在想转产品经理就要慎重考虑下了。

为什么从测试转产品也是一条好路子呢？其实在本书的前面章节中已经提到过，因为测试所处的位置，以及工作内容和打交道的人决定了它天生就具有产品的属性。而且，如果大家关注产品经理的招聘信息，可能会发现越来越多的在要求中提到"具有测试经验和背景的优先考虑"。但是，大家不要觉得摆脱了测试进入了产品就解脱了，其实只是从一个"坑"进入了另一个"坑"而已。

8）创业者。

如果你足够胆大，足够热血，也许创业也是一种很好的选择。但从我自己的经历来看，创业绝对不是大家看到的表面光鲜，其实是非常辛苦的一件事情，用身心疲惫来说一点都不为过。可能会有朋友觉得，如果拉到投资就非常爽了，我可以负责任地告诉你，不是！你在拉投资的时候，可能发了无数封 BP（商业计划书），也许一个 VC（风险投资）都不会搭理你，好不容易有个 VC 感兴趣，见面聊的时候又可能会被鄙视得抬不起头来，这种痛苦没有经历很难体会。即使你拿到投资之后，钱也是分阶段给你的，而且你的每一笔花费都要有记录，不是大家想的可以直接入自己口袋。如果中途 VC 觉得你的项目有问题了，还可能中止投资。可以说创业几乎是如履薄冰，但这种自由，给自己打工的感觉即使再累也许都不会觉得累了。

这些大致就是测试工程师未来可以选择的途径，当然，这只是部分，我们也相信，优秀的测试工程师不论将来在哪个行业、哪个职位都一定会绽放光彩的！

9）其他。

测试工程师的职业发展之路其实非常广，有时候我们大可不必只限于自己的圈子内，像我的朋友以及学员中从测试工程师转型为客服经理、运维工程师甚至销售的都大有人在。而且大家也应该看过很多报道,IT 人创业做卖肉夹馍、煎饼的,完全和 IT 圈没关系。所以,心有多大,舞台就有多大,有时候去尝试一下未知领域也许是你职业发展中的一个转折点。

10.6　本章小结

　　本章站在大角度上对测试行业的现状、未来发展做了展望,也从小角度上对测试工程师自身的发展做了分析,只有认清当前面临的危机才能正确地努力提升自己的能力,向优秀的测试工程师迈进。也许不是每个人都能成为优秀的人,但至少我们努力过,而在这个过程中我们也许会得到一些意想不到的收获,这也是人生的奇妙之处。如果你在职业发展上有任何疑惑都可以加入 QQ 群 138269539 与我们一起探讨。

第11章

一线测试工程师访谈录

鸡汤和经验仿佛就是两剂良药,当你"生病"的时候喝点就会好,但如果你过分依赖它们又会伤身。

有时候我们就是想法太多,顾虑太多,让自己无法前进。仔细想想,是自己困住了自己,是自己给自己戴上了枷锁!那些取得好成绩的朋友在背后付出了多少汗水,又有多少人知道,当你在抱怨、犹豫的时候,他们正在点灯熬夜学习。虽然努力不见得一定会成功,但不努力肯定会碌碌无为,短暂的一生如果你都没有奋斗过,那是多么的遗憾啊!

改变,永远不嫌晚。无论你是几岁,也无论你目前所处的境况有多糟,只要立定目标、一步一步往前走,人生随时都有翻盘的可能性。

本章我从学员中精选了几位具有代表性的来和大家分享他们学习、成长的过程,也许从这些刚刚脱胎换骨、在一线战斗的人身上会找到自己的影子,体会到更多的真实和真诚。

11.1 90后美女的全能测试蜕变之路

学员小燕(化名)的自述

我没有刻意去写些什么,就是记录一些自己的真实经历。

干测试也有几年经验,做过功能,干过性能,学习过自动化。测试的"前沿技术"我都有去尝试和探索,当然,一路走来必然少不了恩师——小强老师的帮助。下面就一起感受下我的蜕变之路吧。

毕业后第一份工作,选择了软件测试,战战兢兢地投出了人生的第一份简历,毕竟没有经验,面试电话并不多,当接到面试电话的时候,激动地拿起电话,紧张地回答着他们的问题,奔波着努力着,终于找到了人生的第一份工作。一开始的工作就是熟悉业务,然后开始"点点点"生涯。

说起来,一开始的功能测试只要熟悉业务,会基本的"点点点",基本的软件测试思维就可以了。当时公司就两个测试人员,从测试计划、测试方案、测试用例到测试报告,都需要自己来做,确实,这样对自己的能力很有提升。但长时间"点点点"下来,却满足不了不甘寂寞的自己。觉得这样下去有点浪费生命,年纪轻轻却没什么挑战,一味地做着"点点点"工作,似乎没有什么意义,就想给自己寻找一丝"刺激",制造一份挑战。当然,在人生最纠结、最迷茫、最乏味、最需要"新鲜感"的时候,遇到了我的恩师,他幽默、逗趣的讲课方式吸引了我。我们最初"相识"是在播布课看他的网络课程,跟着他一步步学习性能入门课程,从 LoadRunner 基本操作、性能测试计划和方案、性能调优再到性能测试报告编写,从他的免费网络视频到 51CTO 的系列测试视频,再到他的性能培训班,给我带来的收获实在太多太多,每一个视频都是小强老师精心准备的,每一分钟都是不容错过的。学习性能之后,换了份性能测试的工作,这一次找工作比第一次要快很多。第一,有了工作经验,第二,学会了性能测试这门技术。俗话说"一技在手,工作不愁"。

进入新公司,开始上手性能测试工作,一开始心里还是会害怕,因为毕竟跟之前的功能测试还是有技术上的差异,又有新的挑战。但是,深思细想,这不就是曾经我所期盼的那份挑战,不就是当初我找寻的那份新鲜感么? 消除了所有的胆怯,勇往直前,发现小强老师教我的那些知识都是和工作息息相关的,每一个点都是那么重要,正是因为有小强老师的无私传递,才有我学会性能测试这门技术的今天。在工作中我独立完成核心业务的性能测试、Redis 数据库的性能测试等,收获非常大。跟小强老师学习的过程中,他强调:"不要纠结某个点,不要钻牛角尖,不要太注重一件事情的结果,更注重是你自己思考和解决问题的过程,思想才是最最重要的,最最核心的。"学会了他思考问题的方式、解决问题的思想、设计方案的思路,那么你所有遇到的困难和问题都不是问题,一路走来,我非常感谢也很感激有这么一个和蔼可亲、无私奉献的恩师。

随着互联网技术不断的更新,技术不断的创新,自动化框架开始火了起来,火遍了整个互联网界,因为它不仅可以提高功能测试的效率,更能准确地记录测试结果。那么,我们公司也不例外,做着性能的同时,领导也想让我去承担部分自动化测试,想要我把公司的自动化框架"搞起来",可是,当时我是做性能的啊,性能测试和自动化测试之间还是有较大差异的。但是,往往每项技术都会有共通性,换小强老师的话来说,思想都是可通用的。既然选择了 IT 行业,技术知识的不断提升是必不可少的呀! 有挑战那就迎接呗,继续跟着小强老师学习 Python 自动化测试课程。但是,Python 的难题来了,代码 0 基础可以开始么? 框架概念为 0 可以开始么? 带着这些疑问,还是坚持相信带我走向"人生巅峰"的小强老师。一步一步,从最基础的代码结构、最零散的功能代码,慢慢拼凑成一套完整的框架,从测试执行到测试报告,全自动输出。经过小强老师的讲解,发现自动化测试框架并不是那么难,看着自己把代码一个个码起来,变成一个完整可用的自动化测试框架,内心那份激动是无法形容的。当然学习自动化测试也是为了满足公司对我的期盼,也就是能完美地应用到我实际的工作中喽,即而开始我的"全能"之路。

技术成长之路当中,还是少不了小强老师苦口婆心、不厌其烦一遍遍地教导,遇到他是我这一生最幸运的事。

你们是否也想像我一样迎接自己的人生巅峰呢? 想安于现状还是想去寻求一些生活的刺激和新鲜感呢? 告诫大家:过分地安于现状会很容易成为被淘汰的一员。

11.2　从功能测试到性能测试的转型之路

学员狼狼(化名)的自述

在测试行业也有两年了,两年的时间对于一个人的职业生涯来说不算长。但是从职业发展的角度来看,这两年却是非常重要的。有的人抓住这两年的机会,会快速地从行业新手变成行业高手,但是有的人却一直停留在原地。我就属于后面的那种人,两年时间换了两家公司,但都是做手工测试,因为公司规模较大,整个测试部门共有四五十人,每个人都固定地重复同样的事情,手工测试的人员很难接触到更高级的性能测试。就是在这种工作环境下,一个人的测试技术很难得到提高。有人说,你只要会玩电脑,会写测试用例,就可以做手工测试。对于公司来说,一个刚毕业的大学生和一个两年经验的手工测试人员,根本没啥大的区别。我当时被这句话刺激以后,心也是拔凉拔凉的。后来几天的时间我一直在想自己在测试行业该怎么发展,怎么才能比别人更有竞争力。然后我就跟很多人一样,去百度不停地搜索现在测试行业最需要学的是什么技术。

缘分总是来到有准备的人的身边,当我进入 51CTO 学院看到小强老师的视频后就试听了一节课,小强老师的声音辨识度特别高,普通话很标准,没有地方口音,听起来很舒服,讲课的语速也刚好不快不慢,讲课思路很清晰,这不就是一个好老师必备的条件吗?我决定报名了。

很快课程开始了,整个课程设计得非常科学,有的课程开始前,需要学员去领先学习的基础知识,都一一列出来了,自己只要根据上面的要点,进行学习就行了。在学习过程中很多知识都会结合实际的工作项目来讲,这种学以致用的方法,特别能让学员眼前一亮,而且特别容易理解。当然课上一分钟,课下十年功,老师教得再好,如果自己课后不花时间和精力来复习也是没有用的,尤其是老师留的课后作业。这里必须要特别点赞的一点就是,小强老师会亲自批改每个人的作业,需要重点提醒的,都会在邮件中指出来,貌似即使在上学的时候都没有过这样的待遇啊。

最后还有面试指导,面试题讲解的时候,我已开始去面试性能测试工程师了。这个时候的我,已经不是两个月前的我,因为我已经掌握了如何做好一个性能测试工程师的知识了,不再是那个只会“点点点”,被开发瞧不起的测试苦力了。没开始面试前,还有点小紧张,担心自己会被面试官问倒。不过后来证明,真是多余紧张了,全程面试都很顺利,面试官问的问题,都是上课讲过的东西,对付面试官那是轻而易举啊。然后当天就拿到 offer 了,这还只是我第一个面试的公司呀。现在我已经准备着手接下来的工作了,公司在开发一个做电子商务的 APP,还是第一个版本,接口测试特别重要。我就学以致用,使用 Jenkins、Jmeter 和 Ant 搭建了一个小型的接口自动化环境,正因为这点,还受到了技术总监的夸奖,心里窃喜。等 APP 功能趋于稳定后,就开始准备做 APP 的性能测试了,对于这点,我一点也不担心,因为学好了课程,心中有料,而且还有很多性能一期的同学在背后撑着,我相信大展身手的时候到了。

做好性能测试,最重要的其实不是如何熟练运用你的工具,而是性能测试的思想,只有把性能测试的思想武装到你的脑袋里,你才会是一个优秀的性能测试工程师。如何学好这样的思想呢?不用担心,因为小强老师的课程全程都在培养你的性能测试思想,并不是简单地教你点知识。

11.3　一只菜鸟的成长之路

学员 Garfield(化名)的自述

简单地自我介绍,就是一只数学专业、脑洞极大、深度强迫症、编程菜鸟、颜控、但人丑的少女。

我的愿望很简单,一辈子随遇而安、家庭幸福,但希望能一直坚持,努力成为有技术含量的女生。什么叫作"有技术含量",要么就是我能做而别人不能做的,要么就是我能把工作完成得又快又好。当然后者是阶段性目标,前者是一个很遥远未知黑洞,我不知道我能坚持多久,不确定在什么时候就会转向其他的行业,现在要做的无非就是在一家不大不小的 IT 公司里面安安分分、脚踏实地地搬好每一块砖,给自己通向目标的道路上垒上坚实的阶梯。

在我懵懂无知实习的时候,正好被一家知名公司 A 录取,但后来莫名其妙地从数据分析转变成用户体验师,接着天真地被迫成为了黑盒测试工程师。然后顺其自然进入了测试这个行业。实习的时候的确是蛮苦的,说我吃不了苦吧,我那时候还真很拼命,每天早早从宿舍出发,晚上闹钟的指针不到 12 点绝不回学校,连跨年也是在计程车上听着 FM93 度过的,简直不敢相信那个每天活力四射的家伙是我。遗憾的是最终还是离开了。现在想来,还是感谢这家公司带给我成功的开端和良好的习惯以及真实社会的缩影。

现在一直处在公司 B,美丽的西子湖畔见证了公司和自己快速的发展,第一次真正意义上系统地接触了性能这个概念。公司 B 也没有性能测试的"老司机",只能靠自己摸黑爬滚,就跟小地鼠似的,这边打个洞那边挖个坑。尝试的路途总是有那么多磕磕绊绊。

之后先去做了某个电商系统的两三个功能版本,熟悉主要功能,了解业务,再对数据进行统计分析,得到系统使用频度、峰值以及其他相关但不能透露的数据。然后比较笨拙地学习使用 LoadRunner,当自己不知道怎么学的时候,问问常用的流行工具,它会给我们答案。使用工具时遇见问题就上上官网或者 F1,无非就是要克服英文。然后跑场景,看分析结果,看不懂就请教开发查资料,每天都在资料的海洋里面迷醉。什么都不会的时候做出一点就觉得是成就,学到了新的知识或者有了更深刻的理解,把以前的错误观点纠正了,世界都美好了一点。之后的日子里面又愉快地做了几个项目,我却渐渐不满足现状了,每次设计场景纠结半天,跑完之后分析得太浅,定位不到真正的瓶颈,东一块西一块知识不全面,没有大的条理性,即使验证分析出某些结论来也不足以让开发和自己觉得满意。

久闻强哥大名之后,又恰逢良机,愉快地成为强哥的一枚小学员。上课的日子里面真是痛并快乐着,一边面临着作业的折磨一边又享受着和大家一起学习的喜悦,一个人学的时候始终觉得比较枯燥。一开始的确会比较不适应,繁忙的加班狗生活硬生生挤进了需要高度自觉的作业人生,偷懒的内心蠢蠢欲动,勤奋的小人和惰性狠狠地争斗。在乱七八糟地安排下自然每次都是在交作业的截止点前才发出邮件。我坦白我有罪,仿佛回到了大学的时光,除了没有了愉快地抄作业。不过慢慢地掌握了节奏:课前预习做笔记;上课好好听,做好课堂笔记,以听课实践为主笔记为辅,事半功倍;课后先看一遍视频,强哥语速相对比较慢,可以愉快地加速加速加速,完善整理笔记,然后开始做作业;完成之后还有时间剩余,那可以再看一遍视频。时间长了,记忆淡了,再重新回顾一遍,"我不是黄蓉,没有过目不忘的神功",只能一遍遍地巩固,梳理,最后形成自己的知识体系。

强哥带给我的收获还是在思维方式上的,思维方式需要一个好的导师引领,自己刻意地练习、优化,适用于自身,然后养成了良好的思考习惯。

学习和实践永远是相辅相成的。上课学习 JMeter,在工作的休息时间利用公司系统进行练习,偶然间被老大看到了,老大一脸惊讶,也比较巧,正好有个项目找老大做性能测试,希望使用 JMeter 做,当时她苦于没有 QA 会JMeter,正准备推掉这个,没想到机会就来到我的面前,按照流程一步步地做下来。所以说机会总是留给有准备的人,敢于实践,做错了不满意就换个方向继续。

现在我已经入职新公司,不管什么工作,什么事情,只要坚持往正确的方向做得深入,就会提升。练习,坚持,我还在路上。

但愿我的三两言语可以给你带来点滴的帮助,那就是我莫大的荣幸了。

11.4 90 后帅哥的测试技能提升之路

学员小峰(化名)的自述

时间飞逝,日月如梭。一晃就在测试干了两年多,回想起刚来上海找工作的日子,仿佛还在昨天,那时候的自己满怀激动地投下一封封简历,满怀期待地等待着面试电话,然后一家家去面试。在面试的过程中才发现自己的知识体系是多么地匮乏,面试官有问你开发知识的,有问你性能知识的,有问你自动化知识的,等等。

刚出来的时候自己只懂得软件测试的基本知识,以为软件测试非常软件,动动手指,"点点点"就可以了,根本不知道在测试这一行业需要学习的东西太多太多了。后来自己利用业余时间一直在不停地学习性能和自动化,但是性能和自动化涉及的面太宽了,我往往是学了这头忘了那头,自学的效率太低,很快自己学习的兴趣就没了。后来由于同学的推荐,认识了小强老师,于是抱着将信将疑的态度报了培训班,也是希望自己能够在老师的带领下快速地成长起来。

想起自己在性能培训的日子,一周最开心的是自己的作业得到老师的肯定,每次被老师在群里表扬的时候自己学习的热情又高涨了很多。那时候的自己每天都是很充实的,上课时认真听讲,严格按照老师的要求完成自己的作业,总结自己的上课笔记,就这样我的知识体系越来越完善了,我开始知道了整个性能测试的流程,性能测试的脚本编写、场景设计、测试结果分析、服务器监控以及性能的调优,等等,把所有的知识点串接了起来。最终在学完后如愿以偿地找到了自己喜欢的工作,非常感谢老师的付出与奉献。性能测试是一个找系统短板的事情,但是这个短板有可能存在的地方太多了,比如数据库、中间件、架构等,你的职责是找到系统的短板,提升这个短板,从而达到提升系统性能的目的。

在后来得知老师又开了 Python 自动化的培训班,代码 0 基础的我特地问了老师这门课学习的难度,发现是从最基础的开始学起,瞬间又激起了自己的学习欲望,就这样我从最基本的语法开始学起,慢慢跟着老师的节奏,从最开始的啥都不懂到最后的驾轻就熟,中间跨过了无数个"坑",有的时候一个报错需要我花三、四天的时间去找原因,当你找到原因之后的那种喜悦感是无法用语言来形容的,激动而且非常开心。到现在课程已经学完了,我也在尝试着应用到自己公司的接口测试中,碰到不懂的地方,先分析总结思路,列出大概的步骤,在脑海中形成基本的框架,基本上问题都可以迎刃而解。

最后,非常感谢小强老师的耐心和付出,不仅让我学习到了很多有用的知识,而且学到了很多解决问题的思路和方法,让我在碰到困难时知道怎么去分析,怎么去解决,我想这才是最有价值的财富。

11.5　本章小结

本章精选了几位在小强软件测试品牌参加培训学员的真实经历，以最淳朴的语言自述了自己的学习和成长历程。他们的付出也许只有我懂，庞大的知识体系、高强度的作业、严格的要求甚至还有一些小惩罚，其中的快乐、痛苦、惊喜大概也只有我们自己能够明白。

大部分的朋友和我一样是一个北漂，当然还有南漂的朋友，他们用积攒下来的钱来学习也不容易，也要承担很大的压力。自 2016 年以来我以小强软件测试独立品牌进行运营，不再和任何机构有关系，就是为了能更踏实、更真诚地做些事情，不断优化课程调整教学方案，始终希望能以最高的性价比让所有想学习的人都可以学习。事实证明，我的付出得到了回报，也得到了更多学员的支持。再次感谢你们，有你们真好！

有时候我们总是羡慕别人、嫉妒别人，他为什么拿那么高的薪水？是不是骗人的？我想说，当你在虚度光阴的时候，别人正在努力学习，你看到的只是别人光鲜的外表，但背后付出的汗水又有几个人能看到！俗话说"台上一分钟，台下一年功"，我不能保证付出一定有收获，但可以保证不付出一定不会有收获。其实我们都可以成为自己心目中的成功者，只要你肯努力！让我们一起加油吧！

附录 A　参 考 资 料

1. 小强性能测试和产品经理的博客：http://xqtesting. blog. 51cto. com
2. 软件测试视频：http://edu. 51cto. com/lecturer/user_id-4626073. html
3. 挨踢脱口秀：http://www. lizhi. fm/200893/
4. HP LoadRunner 官网：http://www8. hp. com/cn/zh/software-solutions/loadrunner-load-testing/
5. Jmeter 官网：http://jmeter. apache. org/
6. SoapUI 官网：https://www. soapui. org/
7. Appium 官网：http://appium. io/
8. Android 开发官网：https://developer. android. com/
9. OneAPM：http://www. oneapm. com/
10. 口碑网前端团队　译. 高性能网站建设进阶指南[M]. 北京：电子工业出版社，2010

附录 B LoadRunner 常见问题
解决方案汇总

B.1 LoadRunner 和各 OS 以及浏览器的可兼容性

小白朋友第一次接触 LoadRunner 的时候都会遇到和浏览器兼容的问题,我只能说都怪微软,没事弄这么多 OS 和浏览器出来,为啥不好好做一款超级好用的呢?

这里我把自己亲自试过的 LoadRunner 和各 OS 以及浏览器的可兼容性列出来,希望对大家有所帮助!

可兼容性如下:

- LoadRunner 8.0 只支持 IE6;
- LoadRunner 8.1 只支持 IE6;
- LoadRunner 9.0 支持 IE6、IE7;
- LoadRunner 9.5 支持 IE6、IE7、IE8;
- LoadRunner 11.0 相对来说较为复杂。不论是 Windows 7 32 位还是 64 位,火狐 3.6 和 24.0 版本都可以使用;如果是 Windows 7 32 位,可以使用 IE10;如果是 Windows 7 64 位,可以使用 IE9(IE8 不推荐,不稳定)。

这里我想再强调一下,性能测试脚本和用什么浏览器没有任何关系,不需要纠结,如果什么浏览器都没法用,你依然可以通过抓包来手写所有的请求,浏览器只是一个录制的介质而已。

B.2 LoadRunner 无法安装

这里推荐使用 LoadRunner 11 的版本。如果出现无法安装的情况一般有三种可能。

1) 目前 LoadRunner 只能较好地兼容 Windows XP、Windows 7 32 位

和64位的旗舰版,对Windows的家庭版不支持,对Windows 8是否支持暂时不确定(有的朋友可以安装成功,有的则不行),对Windows 10不支持。所以请确保是安装在上述对应的操作系统中。

2)可能缺少Microsoft .Net Framework,到微软官网下载安装后再重新安装LoadRunner。

3)可能是电脑上安装了第三方的管理软件导致阻止了LoadRunner的安装或阻止了修改注册表。关闭类似这样的第三方管理软件(比如,360、腾讯管家等)再重新安装LoadRunner即可。

B.3　录制的时候无法启动IE

可以尝试如下几种方法。

1)设置IE浏览器为默认浏览器,且在高级中勾选"启用第三方浏览器扩展"。

2)如果以上方法不可行,可以在LoadRunner录制时指定浏览器的绝对路径。

3)如果1)、2)方法都不行,就尝试不勾选"启用第三方浏览器扩展"。

4)如果1)、2)、3)方法都不行,那么请升级浏览器到IE9,经测试比较稳定。如果你使用的是Windows XP系统,那么建议使用IE6。

5)如果上述方法都不行,好吧,请重装一个干净的系统,不要安装任何其他软件,然后安装LoadRunner。如果这个还不行,那我也没办法了。

B.4　录制脚本为空

尝试此方法进行解决:启动LoadRunner的VuGen,进入Recording Options进行如图附录.1的设置即可解决。

B.5　示例网站WebTours无法启动

尝试此方法进行解决:进入LoadRunner安装包中的lrunner\Common\Strawberry_perl_510目录下重新安装strawberry-perl-5.10.1.0.msi,之后再尝试是否可以启动。

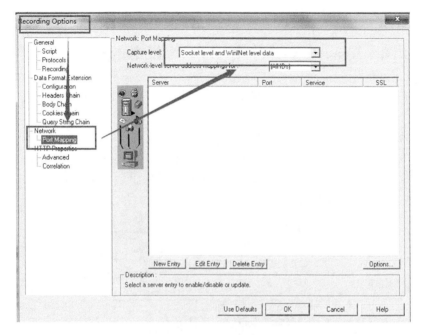

图附录.1　设置

B.6　Controller中运行场景有很多超时错误

进入 Run-time Setting 对话框后，依次进入 Internet Protocol→Preference。然后单击 Options 按钮，进入高级设置对话框，可以修改各类超时设置的默认值。一般我们只修改 Step download timeout、HTTP-request connect timeout、HTTP-request receive timeout 这三个值，适当调大即可。

B.7　录制完成有乱码

分别尝试如下的三种解决方法。

1）Recording Options 选项里勾选 utf8。

2）Run-time Settings→Preferences→Options→convert from 中勾选 to utf8。

3）使用 lr_convert_string_encoding("中文字符", NULL, "utf-8",

"param")函数,具体可见 LoadRunner 的帮助函数文档。

B.8　LoadRunner 中对 HTTPS 证书的配置

用浏览器访问 HTTPS 网站然后导出证书,或者直接问开发人员要这个证书,一般都是 cer 格式。

利用 openssl 工具进行证书的转换,得到 pem 格式的证书。

在 LoadRunner 的 Recording Options 对话框中选择 Port Mapping,然后单击 New Entry,在弹出的 Server Entry 对话框中填入必要的信息,主要就是图附录.2 方框中的字段。

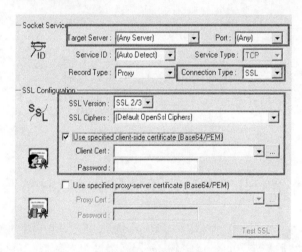

图附录.2　证书的配置

配置完毕后即可重新录制脚本,正常情况下会在脚本中出现 web_set_certificate_ex 的函数信息。

B.9　LoadRunner 运行时常见报错解决方案

1) Failed to connect to server"192.168.2.192"。

可能原因:小量用户时出现,可能是程序上的问题。大量用户时出现,可能是系统支撑不了这么多并发了。

2) Connection Error:timed out。

可能原因:应用服务参数设置问题。例如,许多客户端连接 Weblogic

应用服务器被拒绝,而在服务器端没有错误显示,则有可能是 Weblogic 中的
server 元素的 AcceptBacklog 属性值设得过低。

3）Server has shut down the connection prematurely。

可能原因：应用服务器参数或数据库连接数设置不合理造成。

4）Error-27979：Requested form not found 或 web _ submit _ form
highest severity level was "ERROR",0 body bytes，0 header bytes。

可能原因：

- 所选择的录制脚本模式不正确。尝试进行如下设置后再运行,打开
  录制选项配置对话框进行设置,在 Recording Options 的 Internet
  Protocol 选项里的 Recording 中选择 Recording Level 为 HTML-
  based script,单击 HTML Advanced,选择 Script Type 为 A script
  containing explicit。然后再选择使用 URL-based script 模式来录制
  脚本。

- 没有关联或关联边界不正确导致。

5）使用 odbc 时报错 can't get hostname for your address。

这个是在小强性能测试班练习时出现的问题,此问题是检测 hostname
的时候出现的问题,解决方法为修改 mysql 的配置文件 my. cnf,然后在
[mysqld]下面增加一行：skip-name-resolve,之后保存退出,再重启 mysql
服务即可。

6）LoadRunner 压测过程中出现的 error26601。

这个是在小强性能测试班中压测项目时无意中发现的问题。大致错误
提示如下：

```
Action.c(240): Error - 26601: Decompression function (wgzMemDecompressBuffer)
failed, return code = - 3 (Z_DATA_ERROR), inSize = 17, inUse = 0, outUse = 0
[MsgId: MERR - 26601]。
```

查阅资料发现,这个和缓冲区容量有关,大致是因为发包太快,服务器
没来得及响应,lr 在下载数据包时一次没有下载完成,然后进行压包的时候
报错了。

解决方法：脚本中增加 lr_auto_head("Accept-Encode","gzip");和在
setting—> perference 里设置,增加 network buffer size 的值。

附录 C 性能测试文档模板汇总

C.1 场景用例模板

经常被问到性能测试用例怎么写的问题,其实有个前提大家别忘了,那就是性能测试需求的提取。这方面的资料比较多了,所以在本书中并没有详细讲解,感兴趣的可参考附录 A 中的学习资料。

此处介绍如何写性能测试的用例。每个公司的情况不一样,风格也不一样,所以没有固定的模板。这里我只分享一个我们当时用的用例模板,是在 Excel 中设计的,大致包括如下几个部分:

- 用例信息的基本描述;
- 脚本设置;
- 场景设计;
- 预期结果;
- 实际结果;
- 执行信息。

当然,这些内容不是必选的,大家可以根据实际情况进行裁剪。因为 Excel 格式的不好排版,所以没有写到本书中,如果大家想获取本模板,请扫下方二维码关注微信公众号,之后回复"性能测试模板"即可获得下载链接。

C.2 性能测试计划模板

1. 概述

这里大致描述性能测试目的或目标以及简要的方法。

2. 系统分析

这里主要对被测系统的架构方面做一个简单的描述分析。

3. 测试设计

1）测试进入准则与范围

在功能测试完成且稳定的情况下，对本系统进行性能测试。

2）业务模型分析

把实际的操作流程用图表示出来。

3）预期指标

测试项目	平均响应时间	事物成功率	CPU	Mem

4）测试环境

（1）系统环境标准配置

主机用途	机型/OS	数量	CPU	内存	IP

（2）测试客户端配置

主机用途	机型/OS	数量	CPU	内存	浏览器版本	IP

5）测试工具

工具	版本	用途	备注

6）资源与进度安排

（1）人力安排

角色	数量	职责

（2）进度安排

可以使用 WBS 形式列出，当然也可以选择你自己喜欢的形式描述进度的安排，注意执行开始后要及时更新每项的进度，不要让文档成为死文档，这样就没有意义了。

4. 测试场景

见性能测试用例文档。

5. 风险分析与应对

风险	优先级	应 对 措 施
需求变更	高	通过内部 IM 即使进行沟通，并在 SVN 及时更新版本
人员变动	高	需要有熟悉需求的相关人员做补充
环境变动	高	预先留有后备测试环境，保证环境的稳定

C.3　性能测试方案模板

1. 测试目的

描述本次测试的目的，如果有多个目的就分别描述。

2. 测试环境

描述测试环境。

3. 测试场景用例

描述各种构造的测试场景用例，类似功能测试的用例。

4. 测试数据说明

是否需要准备测试数据,如果需要,如何准备测试数据、数据量以及注意事项等描述。

5. 测试工具说明

对要使用的测试工具做个简单描述即可。

6. 测试方法概述

站在一个高度,简要抽象地描述下大致的测试思路和方法。

7. 脚本编写说明

主要描述脚本的逻辑以及注意事项,比如哪些需要参数化等类似的描述。

8. 场景执行设计

针对"3 测试场景用例",这里具体描述每种测试场景用例的实际场景设计是如何的,比如是慢增长,还是快增长,run time settings 设置什么等。

9. 监控对象

主要监控指标如下:

```
Running vusers
TPS
Trans response time(90％,标准差)
Hits per second
Throughput
connections per seconds
Unix resources(LoadAverage,CPU,MEM,IO,队列,网络)
```

10. 测试通过标准

有就写,没有就去掉该项,学会灵活,别死板。

11. 测试限制与风险

描述进行测试时可能受到的限制以及可能存在的风险。

12. 测试完成后的后续操作

描述测试完成后需要做什么后续的清理工作,诸如此类的。

C.4　性能测试报告模板

1. 测试目的

本报告是为了反映××系统的××模块的性能表现,检查在多用户并发访问的情况下系统的表现情况。

本次测试从事务响应时间、并发用户数、系统资源使用等多个方面,以专业的性能测试工具,分析出当前系统的性能表现,以实际测试数据与预期的性能要求比较,检查系统是否达到既定的性能目标。

2. 测试范围

对系统的哪些业务进行性能测试。

3. 测试环境

1）系统环境

描述	OS	台数	CPU	Mem	IP

描述	OS	DB	CPU	Mem	IP

2）客户端环境

描述	OS	台数	CPU	Mem	IP

4. 场景建模

业务场景描述。Control 中的场景设计策略描述。

5．测试结果分析

关键图表分析,截图和文字结合描述。

6．测试结论与解决方案

对分析中的推断做一个总结的结论,并对每种结论分别提出建议或者解决方案。建议使用分层的思想。

7．测试风险

编号	风险项	描　　述	应 对 方 案	备注
1	操作失误	在场景设置添加 Windows 计数器的时候没有添加 memory	场景设计完毕后应该进行快速同行评审,以避免疏漏	
2	网络状态	网络状态突然不好,导致测试数据不准确	尽量避开高峰时刻,测试前保证网络的良好,可联系相应人员协助	

C.5　前端性能对比测试结果模板

1．对比测试数据记录

此表为最基础的,可以根据实际情况自行扩展。

对比网站	URL	Total time(s)	Total bytes sent	Total bytes received	Total requests	现象

2．对比测试结果分析

根据测试数据的对比结果进行分析。

3．优化建议

根据分析结果给出一定的优化建议。

附录 D　自动化测试用例模板

　　该用例模板是使用 Excel 制作的,因为表格太大不方便排版,此处以图片形式给出,因涉及敏感数据所以进行了模糊处理,如图附录.3 所示。表格字段以及形式可以根据实际情况自行调整。

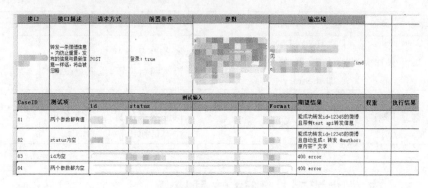

图附录.3　模板

附录 E　管理相关文档模板汇总

E.1　日报模板

标题：年-月-日-姓名-×××项目测试日报

1. 今日测试进展

描述所负责各个模块的测试进度、用例执行情况：
1) A 模块进展
2) B 模块进展

2. Bug 情况

描述当日发现及验证 Bug 的情况,参见下例：
1) 今天验证了 x 个 Bug,其中关闭 y 个,重开 z 个;
2) 今天新发现 n 个 Bug,其中 A 级 x 个,B 级 y 个……;
3) 高权重问题及分析。
列出当日的高权重问题,同时根据所了解到的这些问题的处理情况作出分析。

3. 需要得到帮助的问题

列出在测试过程中需要开发、产品或其他人员提供帮组的问题,参见下例：
1) 需要 100 条数据测试分页;
2) 需要从后台收回个性域名;
3) 需要产品提供变更后的需求文档。

4. 明日计划

按照具体情况,列出明日的工作计划。

E.2　绩效考核方案模板

没有固定的形式,这里给出的模板仅供参考。

1. 岗位描述

岗位 004:高级开发工程师(项目组长)
人员名单

2. 岗位职责

- 独立承担项目系统架构设计;
- 负责编写项目核心代码;
- 负责编写与项目相关的详细设计文档;
- 带领开发团队设计及开发项目;
- 负责项目开发任务分配;
- 安排项目开发进度;
- 负责检查代码的编写质量;
- 项目后期维护与升级的任务分配及控制。

3. 岗位要求

- 计算机、信息技术或相关专业本科或以上学历;
- 有 3 年以上软件设计与开发经验;
- 精通 J2EE、XML、WebService、分布式、多线程等高性能架构相关开发技术;
- 熟悉网络爬虫、搜索引擎及数据库技术;
- 具备系统设计能力;
- 精通各种主流应用架构和平台;
- 精通面向对象的分析和设计技术,包括设计模式、UML 建模等;
- 了解 Web 应用的性能瓶颈和调优方式;

- 精通主要应用服务器(Tomcat)的配置和使用；
- 熟悉 Linux 操作系统,可以熟练使用常用的 Linux 命令完成日常工作；
- 具有很强的分析问题和解决问题的能力,善于学习；
- 熟练使用常用办公软件及版本控制工具；
- 具有强烈的责任心和良好的团队合作精神,较好的沟通能力。

4. 绩效考核方案

项目及考核内容		分值
工作态度	根据平日的工作态度直接由上级打分	20 分
任务完成及质量	根据任务的完成度及完成质量由上级打分	40 分
后期维护质量及效率	根据对所开发功能及模块的维护质量及效率,由上级打分	20 分
开发的出错率	普通 Bug 的数量和工作量(人/天)的比值,平均少于等于 2 个为 20 分,3～6 个为 16 分,7～9 个为 10 分,由于开发错误导致的系统崩溃或系统运行不正常,直接扣 15 分	20 分
合作部门投诉或表扬	表扬一次加 3 分,投诉一次扣 3 分	
创新能力	如有较好的创新点或建议,对系统优化有较好的帮助,每个加 5 分	

后　记

　　这本书的诞生纯属巧合，因为我并不擅长写作，记得小时候写作文基本就没有及格过，所以写书对于我来说要比讲课痛苦。当我最后写下这篇后记时心情终于轻松了很多，心态也更加平和了。我知道这本书有很多不足，也有很多改进空间，甚至出版之后会招来某些恶语攻击，但这些都不重要。我感谢每一位支持我、懂我的朋友，只要书中有一个章节能给你带来帮助那就是我的成功！

　　在 IT 行业前前后后混迹了多年，曾按部就班地工作过，曾裸辞出去游玩过，曾转型进入一个陌生的领域尝试过，曾步入创业热潮拼搏过，曾在风投面前装腔作势过，曾被某些人算计过，曾被好友出卖过，曾被以为只会出现在娱乐圈里的潜规则震惊过，也曾感叹一个好好的年轻人被带上了歧途，现在回想起来真心觉得可以写一部小说了。看着很多人渐渐远离初心，着实让人伤感。不过更重要的是在这个过程中我成长了很多，并结交了一批志同道合的朋友。

　　写书的时候正是今年高考结束之际，情不自禁地回想起了自己的奋斗史，借此也和大家聊聊，也许我们能找到更多的共鸣。

　　还记得当年高考录取，我是以本系最后的几个名额进入的大学，也许大家会觉得我应该是学霸才对，可事实就是大学之前我是一个纯正的学渣。而真正改变我的第一个阶段则是大学的 5 年生活。在学习上，我每年都是奖学金获得者，从未跌出过全系排名的 TOP5，我也不知道为啥，突然间感觉在学习上开窍了，现在想想并不是我变聪明了，而是掌握了学习方法，提升了学习效率。在生活上，连年担任班长，后来又顺利进入学生会，组织并参与了多项大型活动。虽然那个时候不懂什么是管理，但现在回想起来也许我在管理方面的开窍正是大学时候的潜移默化。

　　后来我以优秀毕业生的荣誉踏入了社会，经过各种磨难之后进入了第一家公司——北京新浪，而这是改变我的第二个阶段。因为我结识了亦师亦友的范本银,我的老大。在这里我从一个刚毕业的菜鸟慢慢蜕变为一个成熟的测试工程师,不论是从业务上、技术上还是管理上我都学到了很多,在这里我第一次完成了邮箱、微博等大型项目的测试,在这里我第一次学会了性能测试,也是在这里第一次学会了自动化测试,这里才是让我真正踏入测试领域殿堂的地方!

在之后的经历中,我努力学习各类技术知识,为了逼迫自己,每次学习之后都会录视频发布出来,说来也是巧合,就这样无心插柳柳成荫,我在播布客上的小强系列测试视频一下在网络上火了,也就是从那个时候开始"小强"这个称号比我自己的真名还要有知名度,毫不夸张地说也算是互联网视频教育的第一批布道师了。到现在仍有很多朋友说"我是看着小强老师视频长大的","我是看小强老师视频入门的"等,后来我的视频被不少高校作为了教材让学生学习,也是从那个时候开始我才发现原来自己还有这个价值。其中两位朋友的留言是我一直坚持的最大动力,为避免某些人说我是伪造的,索性我就把原图贴出来,不信的可以去 51testing 论坛查证。

> 此后一年半混迹在 Ac 的咨询公司,主要做测试咨询师,最大的成就做了国内第一个的性能测试项目(首先先感谢一下小强老师如果不是之前一直拿小强老师的视频看,练习操作也不会促成我做这个项目),接着另一个性能测试项目,在项目中明白测试在团队中的角色和位置,学会了如何平衡三方利益的哲学。也看到国内的测试道路希望和坎坷。

> **joe_deng**　　　发表于 2013-4-27 14:26　只看该作者
>
> 此贴必定是精华! 小强老师的回答诚恳、中用。业内缺乏这类具有影响力的测试典范,出来给业内的人士拨云见技术层面,只谈感悟,也和老师的方法关键论不谋而合。从个人到团队,从认识观到世界观,很多很多都要贴近冀,搞不好是会迷失,可是前人后者都能手拉手,温暖不就会更多嘛。 老师很谦虚,膜拜一下也未尝不可。大才说.

再后来有很多机构找我当老师,当时也没想太多就偶尔去客串讲讲课。但随着自己的成长,我发现现在的知识非常的凌乱、零散,导致很多朋友无法系统化地学习,再加上现在知识的过度泛滥使得很多朋友迷茫,都不知道该学什么了。而这时候正好遇见了 51CTO 学院,顺理成章地成为了学院第一批入驻讲师,之后便在这里发布了多套系统化的测试技术知识课程,得到了很多学员的欢迎,甚至有一些优秀的学员年薪达到了 30 万~40 万元,令我倍感欣慰啊! 在这里我也收获了"最受欢迎讲师"、"高级讲师"等荣誉,课程获得了"国家版权局认证保护",特别要感谢这些支持我、鼓励我的朋友们,真心地感谢!同时也要特别感谢学院副总裁一休、学院负责人莉子 MM、小琪 MM 以及彦飞 GG

2015 年经历过一些风波后,我休息了一段时间,也想了很多,看明白了很多事很多人,也终于明白 IT 界的人不再单纯。也许是因为对于教育的留恋和不舍,也许是因为那一份虚荣,2016 年初我在荔枝 FM 上创办了互联网音频节目"挨踢脱口秀",宣布正式回归,在上线后的短短几周内播放量破万,这也给了我足够的信心,原来大家没有忘记我,没有忘记那个打不死的小强。

之后趁热打铁,创办了"小强软件测试品牌",并独立运营,和任何机构无任何关系,致力于打造测试培训领域的黄埔军校。至此,"小强软件测试品牌"旗下的三级火箭成型:荔枝 FM"挨踢脱口秀"公益互联网音频节目,将技术娱乐化、碎片系统化;51CTO 学院"小强高级测试视频课程"让所有入学得起测试;"小强性能测试、自动化测试培训班"系统化学习,高薪不再是梦想。而我也会一直在这条路上奔跑,希望能给那些需要帮助指引的朋友们提供一些绵薄之力。

不知不觉写了这么多,也不知道大家有没有耐心读完,不管怎样,这也算是我职业发展的部分缩影吧,个中滋味也许只有自己能体会到吧。最后仍然要感谢这一路走来帮助过我的朋友们,感谢逗比峰、小燕、77、敏敏、平平、琳琳、小冬、狼狼、雪儿、小梅等朋友的支持(实在太多了,这里就不全写出来了,大家不要打我呀),更要感谢我的读者们!

最后，让我用前言开始的那句话作为结束吧："因为不是天生丽质，所以必须天生励志"。

赵强　写于大连深夜

我的个人 QQ　　　　　　　　我的个人微信